행인을 위하여

더 인간적인 건축

1판 1쇄 발행 2024년 11월 20일
1판 4쇄 발행 2025년 1월 8일

지은이 토마스 헤더윅
옮긴이 한진이

발행인 양원석 **편집장** 차선화
디자인 조윤주, 김미선 **영업마케팅** 윤송, 김지현, 백승원, 이현주, 유민경
해외저작권 임이안, 이은지, 안효주

펴낸 곳 ㈜알에이치코리아
주소 서울시 금천구 가산디지털2로 53, 20층(가산동, 한라시그마밸리)
편집문의 02-6443-8861 **도서문의** 02-6443-8800
홈페이지 http://rhk.co.kr
등록 2004년 1월 15일 제2-3726호

ISBN 978-89-255-7486-8 (03540)

THOMAS HEATHERWICK

토마스 헤더윅 지음

HUMANISE

더 인간적인 건축

우리 세계를 짓는
제작자를 위한 안내서

1부

인간적인 장소와 비인간적인 장소

2부

따분함이라는 컬트는
어떻게 세계를 지배하게 되었나

3부

세계를 다시 인간화하는 법

1부

인간적인
장소와
비인간적인
장소

인간적인 장소

1989년 1월 어느 오후 브라이튼 어딘가에서 학생 할인 중인 책이 눈길을 끌었다. 내 생애 최고로 잘 쓴 6.99 파운드였다.

서식스 대학교 공개 수업일에 맞춰 '3차원 디자인' 강의에 들러본 차였다. 꼬마 시절부터 발명과 새로운 발상, 사물 디자인에 빠져 있었던 나는 어느덧 18살이 되었고, 런던 킹스웨이 프린스턴 칼리지에서 비텍BTEC 내셔널 미술·디자인 과정을 밟으며 드로잉과 회화, 조각, 패션, 섬유, 3차원 디자인을 공부 중이었다. 건물 디자인을 공부하려던 생각은 진작에 포기한 상태였는데, 소위 말하는 '건축계'가 차갑고, 완고하고, 진부해 보였기 때문이다.

바로 그 무렵 어쩌다 들어간 학생회관 매장에서 이 책을 집어 들게 된 것이다. 아무렇게나 펼친 페이지를 보고 머릿속 스위치가 켜졌다.

RAINER ZERBST
TASCHEN
ANTONI
GAUDÍ

CEMENTOS MOLINS S.A.

거기서 바르셀로나 중심부 어느 모퉁이에 있는 크고 지저분한 건물의 사진을 보았다. 내가 여지껏 본 무엇과도 달랐던 그 건물의 이름은 '까사 밀라Casa Mila.' 현대적인 아파트 블록처럼 보이는 동시에 놀랍고 원초적인 석재 조형물 같기도 했다.

충격적이었다. 이런 건물이 존재한다는 사실을 몰랐다.

이런 건물의 존재가 '가능하다'는 것조차 몰랐다.

건물은 이렇게 생길 수도 있는데, 왜 이런 모습이 더 없었던 걸까?

건물은 이렇게 생길 수도 있다면, 또 어떤 모습이 가능할까?

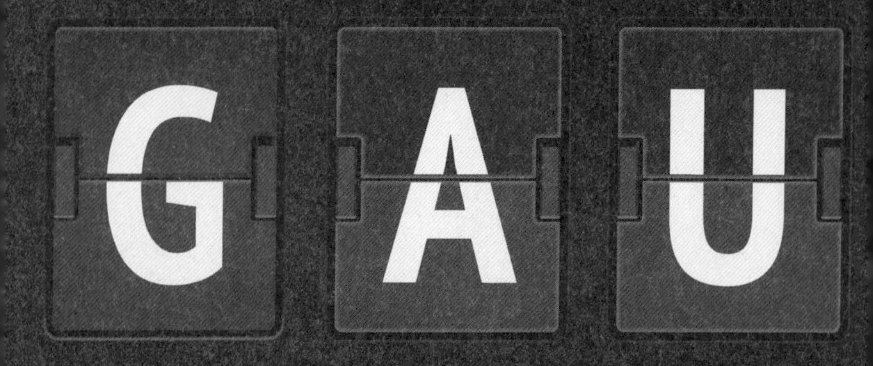

33년이 흐르고, 나는 까사 밀라를 보러 바르셀로나에 간다. 뮌헨에서 미팅을 마치고 돌아와 비행기 탑승 줄을 기다리는데 다른 승객의 통화 내용이 들린다. 부족한 독일어 실력에 무슨 얘기인지 정확히 알 수는 없지만, 한 단어만은 귀에 쏙 들어온다. 내가 바르셀로나에 온 이유, 그 건물을 만든 남자의 이름. 여자는 몇 초마다 반복한다. "가우디… 가우디… 가우디…"

이번 여행이 까사 밀라와의 첫 만남은 아니다. 하지만 오늘에서야 건물의 탁월함을 포착하게 된 느낌이다. 나는 런던 킹스크로스에서 분주한 스튜디오를 운영하고 있다. 우리는 교량과 가구, 조형물부터 크리스마스 카드, 자동차, 보트, 뉴욕의 '리틀 아일랜드' 공원, 런던의 빨간색 2층 버스 '루트마스터Routemaster'와 2012년 올림픽 개회식 성화대 디자인까지 다양한 프로젝트를 맡아 왔지만 주업은 건물 디자인이다. 때문에 돈, 시간, 규제, 규칙, 정치 등 온갖 압력에 익숙하며 별안간에 모든 일을 '기각'시킬 수 있는 많은 인사들도 잘 안다. 또, 창조적 비전을 희석시키려는 끝없는 압력도 알고, 특별한 건물은 차치하고 그저 새 건물 하나를 세우기마저 얼마나 고된지도 안다.

얼마 전 런던에서 건축가 친구와 나눈 대화가 기억난다. 당시 우리 스튜디오가 진행하던 건축 프로젝트와 관련하여 직사각형 창문 위에 약간의 곡선을 더하자는 제안이 있었다. 이를 친구에게 보여줬더니 친구에게서 "오, 대범한데"라는 대답이 돌아왔다. 나에게 있어 이 말은 건물 디자인 세계에 뭔가 섬뜩할 정도로 심각하게 잘못된 것이 있다는 단서였다. 까사 밀라 앞에 선 지금, 그 공포를 단숨에 일소시키는 걸작이 보인다. "직선은 인간의 선, 곡선은 신의 선"이라고 말한 남자의 작품답다.

까사 밀라는 당당한 곡선의 향연이다. 열여섯 세대의 창이 마치 석회암 절벽을 시원하게 깎아낸 듯 나 있다. 평평한 것과는 거리가 멀다. 9층짜리 건물의 앞면이 빛 속에서 경이롭게 일렁이며 춤을 춘다. 위로 아래로 안으로 밖으로, 건물 자체가 호흡하는 것 같다.

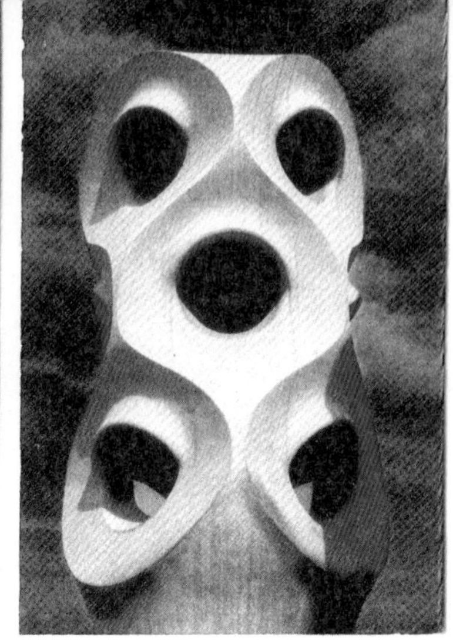

건물 앞면을 장식한 연철wrought iron 발코니 난간은 거대한 해초처럼 추상적인 형태로 비대칭하게 꿈틀거리며 추락을 막는다. 옥상에서는 꼬아진 굴뚝과 환기구가 몹시 예술적인 몸짓으로 드넓은 테라스에서 솟아오른다. 1912년 까사 밀라가 완공되자 비평가들은 마치 땅속의 돌을 바로 깎아 만든 듯하다 하여 '채석장La Pedera'이라는 별명을 붙였다.

가우디는 그때도 지금처럼 센세이션이었다. 까사 밀라 공사에 관한 뉴스는 〈카탈루냐 삽화Ilustració Catalana〉와 같은 당대 인기 잡지에도 보도되었다. 하지만 그렇게 칭송받던 가우디도 지역 당국과의 마찰을 피하지는 못했다. 건물이 일부 도시의 건축 법규를 위반했기 때문이다. 허용된 것보다 높은 데다 기둥이 노면 방향으로 너무 깊이 침투한 것이다.

준공 검사가 안 좋게 끝났다는 얘기를 들은 가우디는 만약 기둥을 깎게 된다면, "이 기둥의 손실된 부분은 시 의회의 명령에 따라 깎인 것"이라는 명판을 달겠다고 으름장을 놨다. 결국 기둥이 깎이는 사태는 면했지만, 대신 10만 페세타의 벌금이 부과되었다. 이는 가우디가 받은 까사 밀라 전체 용역비인 10만 5천 페세타에 조금 못 미치는 상당한 액수다.

번잡한 교차로를 사이에 둔 채 생각해 보니 놀라울 따름이다. 가우디와 그의 의뢰인이 바르셀로나에 돈보다 귀한 것을 선물하는 와중에 정작 당국은 막대한 벌금이나 부과했다니. 부유층을 위한 고급 아파트인 건 사실이지만, 나는 이 건물이 정말 선물이라고 생각한다. 까사 밀라는 장려한 관대함의 몸짓이다. 이기적인 건물은 오로지 소유주의 이익만을 중시할 뿐 나머지는 전부 무시한다. 까사 밀라는 날마다 지나가는 우리 모두에게 손을 내밀고, 우리를 경외심으로 채우면서 미소를 불러일으키고자 한다. 가우디의 건축물이 관광 명소로서 국가에 선사한 이익을 막론하더라도 수억 명의 행인에게 제공해 온 더할 나위 없는 기쁨은 감히 헤아릴 수 없다.

신호등이 바뀌길 기다리는 동안 까사 밀라가 시각적으로 그렇게나 성공할 수 있었던 까닭을 되짚어 본다. 얼마큼은 반복과 복잡성이 독특한 방식으로 근사히 조합된 덕이리라.

인간은 반복에 이끌리는 성싶다. 그리스 신전의 기둥 배열이나 튜더 시대 주택의 목제보에서 반복하여 나타나는 패턴, 초승달 모양으로 늘어선 영국 조지 시대 테라스 주택의 반복적인 창문을 떠올려 본다. 우리는 예술 작품과 물체 속 질서 · 대칭 · 패턴에 자연스럽게 끌린다.

그렇다고 너무 잦은 반복을 좋아하는 것은 아니다. 적당한 반복은 방향성과 안정감을 제공해 주지만, 과할 땐 숨이 막히게 따분하고 폭압적인 느낌을 준다.

인간은 복잡성도 좋아한다. 동물인 우리는 으레 호기심과 지능을 가지며 또 쉽게 질린다. 이해하려면 더 자세히 들여다봐야 하는 흥미로운 것에 마음이 간다. 그러나 질서나 반복 없는 복잡성은 불안하고 혼란스럽게 느껴질 수 있다.

우리가 좋아하는 건 딱 알맞게 조합된 반복과 복잡성이다. 둘 중 하나가 아니라 둘 다. 서로를 보완하도록. 이것은 분명 자연 환경 속 인간의 진화와 관련되어 있다. 나무로 가득한 숲, 호수 위 잔물결, 나비의 날개 무늬를 떠올려 보면 반복과 복잡성이 어우러진 모습이 연상될 것이다. 이러한 이미지는 거의 모든 이에게 잔잔한 흥분감을 불러일으키는 것 같다.

많은 사람에게 매력적으로 비춰질 건물을 디자인하고자 할 때 반복과 복잡성은 없어서는 안 될 도구이다. 두 힘은 반대로 작용할지언정 서로를 필요로 한다. 그리고 둘의 미적 긴장이 균형을 이루는 그때, 뭇사람들을 깜짝 놀랠 정도로 아름다운 작품이 가능해진다.

비틀스의 '노란 잠수함' 중 일부

건축뿐만 아니라 음악·스토리텔링 등의 다른 예술 형식도 반복과 복잡성을 구사한다. 드럼의 리듬·구·절 모두 양식으로서 곡 안에서 반복적으로 사용될 수 있지만, 우리는 흔히 현악기의 활·노랫말·박자와 감정적 강도의 전환을 동원하여 그 위에 복잡성을 덧입힌다. 〈노란 잠수함Yellow Submarine〉 같은 비틀즈 히트곡과 쇼스타코비치 교향곡의 차이는 전자가 반복 쪽으로 기우는 데 반해 후자는 복잡성 쪽으로 기운다는 점이다. 스펙트럼의 양극단에 위치한 둘일지라도 사용하는 도구는 같다. 마찬가지로 흥미진진한 소설을 읽거나 최신 스릴러 영화를 관람할 때에도 이야기 속에서 모종의 원형적 양식을 읽어낼 수 있다. 예컨대, 극은 불가피한 결말에 다다를 때까지 상승과 하강을 반복할 것이다. 이처럼 앞으로 일어날 일이 뻔한데도 따분하게 느껴지지 않는다면, 그것

드미트리 쇼스타코비치의 Op. 34 '피아노를 위한 전주곡 1번' 중 일부

은 작가가 독자의 흥미를 자극하고자 전통 양식에 적당한 복잡성을 더했기 때문이다.

아름다운 노래나 흡입력 있는 소설처럼 까사 밀라도 예측 가능한 양식을 가진다. 수평한 바닥, 수직한 기둥, 격자 창, 석회암의 곡선. 그럼에도 지독하게 복잡하다. 다수의 현대식 건물과 달리 까사 밀라를 한눈에 이해하기란 도저히 불가능하다. 다시 한 번, 한 번 더, 또 한 번 더, 가늘게 뜬 눈으로 목을 쭉 빼고 씨익 웃으면서 까사 밀라의 전부를 받아들이고자 노력하는 수밖에 없다. 꼭 뇌가 유쾌한 3차원 퍼즐을 풀려고 하는 것 같다.

길을 건너 까사 밀라 쪽으로 걸어가는데 건물의 크기마저 완벽하다는 사실을 깨닫는다. 창이나 발코니가 한층 더 높이 혹은 거리를 따라 더 길게 이어졌다면 과한 반복으로 균형과 마법이 무너지고 말았을 것이다.

까사 밀라 바로 앞 보도에 들어서며 건물 곳곳에 스민 장인 정신을 마주한다. 일을 시작하고 얼마 안 되었을 당시 사물의 제작 방식을 이해하는 데 많은 공을 들였기에, 나무를 조각하고 돌을 깎고 강철을 단련하여 사물을 만드는 일이 어떤지 안다. 눈을 의심할 정도로 뒤틀려 자유롭게 흐르는 발코니의 철공예는 한때 모루 위에서 철을 두드려 본 경험으로 비추어 볼 때 들어 올리기는커녕 달구고 비틀고 망치질하는 것만 해도 불가능에 가까우리라는 것을 짐작할 수 있다. 이윽고 위를 올려다보면 심지어 철공예가 발코니마다 다른 방식으로 전개되고 있음을 알게 된다. 역시나 반복과 복잡성이다. 강철에 사로잡혀 불멸의 존재로 남게 된 것이다.

건물의 석재 표면에서도 장인 정신을 엿볼 수 있다. 멀리서 보면 매끄러워 보일지라도, 제작자는 가까이에서도 매끄럽게 보일 정도로 끌 자국을 다듬는 데에는 딱히 대단한 돈을 들이지 않았다.

오히려 날것 그대로의 모습으로, 작고 무작위한 끌 자국은 이것이 인간 손에서 탄생한 산물임을 상기시키며 까사 밀라의 복잡성에 또 다른 층위를 더한다. 거칠게 다뤄졌다는 사실을 부끄러워하지 않는다. 인간이 만든 수천 개의 폭력적인 홈 하나하나가 날씨와 태양의 궤도에 따라 다른 방식으로 빛을 반사하여 표면은 시시각각 모습을 바꾼다.

까사 밀라가 극히 입체적이라는 사실이 나에게는 무엇보다 중요하다. 까사 밀라는 지금껏 우리가 익히 겪어온 평평한 2차원적 현대식 건물의 대척점에 있다. 도로변에 서서 바라보니 건물이 보도 위로 굽이친다. 빛과 그림자가 아름답게 연결되어 있어 단지 바라보기만 해도 마치 그 표면을 손으로 만지는 것 같은 묘한 느낌이 든다.

포스트잇과
함께 닳아빠진 채로 아직도
스튜디오 선반 한켠을 차지하고 있는 책, 그 책에서 처음
건물의 모습을 마주한 지 33년이 지났다. 오늘날 까사 밀라는 첫 방문 당시 겉면을 덮고 있던 검댕은 온데간데없이 어느 때보다 보기 좋게 말끔해진 상태다. 건물이 고성이나 옛 왕궁이 아니라는 사실이 당시 나를 흥분하게 만들었더랬다. 까사 밀라는 기계시대에 맞춰 지어진 현대식 건물로서, 주민을 여러 층으로 실어 나르는 승강기와 지하 주차장으로 연결되는 뒷문을 갖추고 있다. 현대식 건물도 여타 예술 작품 못지 않게 아름답고 흥미로울 수 있음을 몸소 보여준 것이다.

까사 밀라의 사진을 보고 나라는 청년이 사랑에 빠진 대상은 그저 건물 한 채가 아니라 '건물'이 가진 잠재력이다. 브라이튼에서 그 사건이 있기 전 내게 지어진 세계는 언제나 부동 상태였다. 옛 건물은 매번 매력적으로 다가오는 데 반해 새 건물은 신기할 정도로 무료하고 단조로웠다. 건물은 그저 보이는 그대로, 그게 전부였다. 그러나 까사 밀라는 부동의 현실 가운데 어떤 균열을 열어젖혔고,

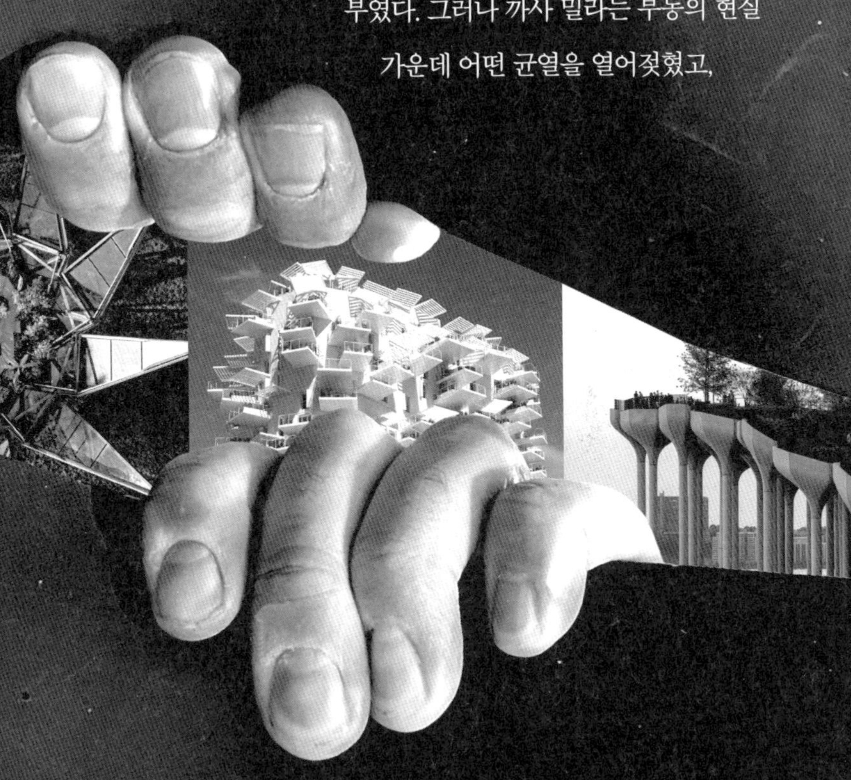

그 균열 속에서 나는 다른 세계의 가능성을 보았다.

작품 설명은 494쪽 참조

까사 밀라에서 북동쪽으로 20분을 걸으니 가우디의 건축물 중 가장 널리 알려진 '사그라다 파밀리아Basílica de la Sagrada Família'가 보인다. 이 대성당 역시 반복과 복잡성을 구사하는데, 그 규모가 실로 아찔한 수준이다. 고딕과 아르누보를 아우르는 사그라다 파밀리아는 일반 기독교 성당의 양식을 띄지만 이 유서 깊은 양식은 뭉그러지고 증식되고 뒤엉키고 장식되어 보는 이의 넋을 빼놓고 뇌리에 번쩍이는 불꽃을 일으킨다.

이 건물의 경우 복잡성이 승기를 쥐고 있다. 한 번, 아니 수십 번이라 한들 훑어보는 정도로는 손에 쥘 수 없다. 주변 거리와 공원에 들어찬 관광객들은 걸음을 멈추고 못 박힌 듯 서 있다. 선 채로 위를 올려다보며 소름 돋게 정교한 시각적 퍼즐을 해독하려 애쓰는 중이다. 너무나 복잡한 퍼즐은 정확히 무얼 보고 있는지 기억할 수도 없게 한다. 이를테면 무한한 어떤 것을 응시하는 느낌이다. 건물이 나의 감정을 가지고 논다. 가장 먼저 다가오는 것은 질감이 살아있는 탑의 규모·높이·반복에 대한 경외심이다. 그리고 인간이라는 미미한 존재가 이다지 훌륭한 것을 구상할 수 있다는 사실, 그러한 구상을 힘 합쳐 실현해 낼 수 있다는 사실에서 오는 아연함이다.

이내 경외심에 기쁨이 섞여든다. 사그라다 파밀리아는 가우디의 가톨릭 신神뿐만 아니라 놀라운 일을 성취해내는 인간의 능력에 대한 축제의 장처럼 느껴진다. *'이것이 바로 우리가 할 수 있는 일'*이라고 선언하는 것 같다. *'우리는 놀라운 존재'*라고. 자세히 들여다볼수록 건물이 유머와 배짱을 드러낸다. 가는 첨탑의 꼭대기에 밝은 색으로 칠해진 사과 · 포도 · 오렌지와 같은 과일 형상이 있다. 또한 화려한 글씨로 적힌 *'거룩하시도다*sanctus*'*, *'하늘 높은 곳에 계시는 이여, 찬미 받으소서*hosanna excelsis*'* 등의 기독교 찬양 문구와 함께 벽에는 실제 와인병 조각이 파티의 여흔처럼 박혀 있다.

3월 어느 쌀쌀한 목요일 점심시간, 이곳을 찾은 수천 명의 방문객 중 하나인 나는 아직 완공도 되지 않은 건물에 완전히 매료되어 있다. 가우디가 1883년에 첫 발을 뗀 이 프로젝트는 그의 서거 100주년인 2026년에 완공될 예정이다. 독일 공항에서 우연히 목소리를 훔쳐 들었던 젊은 여자가 이 인파 속 어딘가에서, 안으로 들어가고자 끈기 있게 기다리고 있진 않을지 궁금하다.

사그라다 파밀리아는 전에 없이 과대하고 관대한 건물이다. 매년 약 450만 명의 사람이 대성당에 들어가기 위해 대기 행렬에 합류하고, 여기에 그저 바깥에서 건물을 바라만 보고자 오는 방문객 2천만 명이 더해진다. 대중적인 문화 오락인 것이다. 여느 히트곡이나 베스트셀러 소설, 내지는 블록버스터 영화처럼 사그라다 파밀리아도 인간의 감정을 건들이고 가지고 노는 식으로 성공한다.

사람을 연결하고 사람의 삶에 무언가를 더해준다는 점에서 사그라다 파밀리아는 깊이 인간적이다. 평범한 사람의 필요, 관행, 즐거움에 깊은 관심을 가진 제작자들에 의해 지어진 건물로서, 이를 보고자 전 세계에서 몰려드는 사람의 수와 다양성만 보더라도 그 인간성을 짐작할 수 있다.

곧이어 나는 바르셀로나 고딕 지구를 여행하는 관광객을 뒤따라 간다. 가우디의 사그라다 파밀리아와 까사 밀라가 독창적이고 유일하다면, 이 구역은 2천 년에 걸쳐 지어진 수백 채의 건물로 이루어져 있다. 그럼에도 이곳의 건물 역시 대중적인 문화 오락 역할을 하며 수백만 명의 사람을 끌어들인다. 의심할 여지 없이 인간적인 장소다.

왜일까? 까사 밀라와 사그라다 파밀리아처럼 고딕 지구의 건물도 질서와 복잡성을 지니고 있다. 창문 및 문 위 섬세한 몰딩이나 가고일 같은 장식적인 요소뿐 아니라 예측할 수 없는 창문의 위치, 변화하는 문의 높이, 역사적 장인이 만든 벽면의 울퉁불퉁한 돌기, 물결치는 자갈길 모두 복잡성에 기여한다. 사고와 보수로 인해 긁히고 덧대어진 자국들, 수백만 명의 발길이 닿아 매끈하게 마모된 보행로 등 수 세기 동안 사용되며 생긴 수많은 상처도 마찬가지다. 나무 · 거친 돌 · 허름한 벽돌 같은 재료에 복잡성이 있고, 수 세기에 걸친 날씨의 변화가 유기적인 모양과 패턴으로 표면을 침식하고 자국을 남겨 온 모든 방식에 복잡성이 있다. 문에 달린 일련의 철제 징, 그리고 청소용 천이 오랜 세월 징 아래 참나무까지 닿지 못해 생긴 먼지 후광에도 복잡성이 있다.

고딕 지구의 그 무엇도 진정으로 평평하지 않다. 눈길이 닿는 모든 곳에 입체성이 존재한다. 골목길마저 폭이 변하면서 직선으로는 결코 길게 이어지지 않고, 대신 뒤틀림과 굴곡으로 여행자에게 연이어 새로운 시각을 부여한다. 극장도 있다. 그림자로 가득한 높고 신비로운 통로가 별안간 그리고 극적으로 놀라우리만치 햇살 가득한 광장으로 펼쳐진다. 오렌지나무 한 그루가 중심을 조금 벗어나 심어져 있다. 넓고 곧은 길을 통해 광장에 접근했더라면 이만큼 흥미진진하지는 않았을 것임을 깨닫는다. 환상적인 발견을 거듭하는 모험가가 된 기분이다.

또한 곳곳에 힌트나 이야기의 조각들이 숨어 있다. 사그라다 파밀리아에 새겨진 단어와 상징들이 기독교적 삶과 신화를 이야기하듯, 구석구석의 성소와 닳아버린 조각들은 고대 길드 및 사회의 기묘한 방패 문양과 함께 한때 주목을 끌었던 옛 가게들을 상징한다.

우리가 누구인지 알려면 건물을 보라는 말이 있다. 고딕 지구에서는 여러 세대에 걸친 카탈루냐인의 정체성이 수천 개의 표면에서 자신 있게 목소리를 낸다.

이 장소가 인간적인 까닭은 가우디 같은 한 명의 천재가 아니라 지금은 대부분 알 수 없는 수백 명의 설계자가 해마다 조금씩 지어왔기 때문이다. 그리고 이 설계자들에게 있어서는 사람들이 필요로 하는 것에 더해 원하는 것까지 제공하는 일이 당연했다. 기능적이면서도 동시에 대다수의 사람들에게 아름답다고 여겨지는 이유가 바로 여기에 있다. 이러한 건물들의 인간적 매력과 특징에서 가르침을 얻되, 개별적인 디테일을 직접 모방하지는 않으면서 새로운 무언가로 재발명했다는 점에서 가우디의 작품은 기발하다.

그렇게 가우디 역시 인간을 기쁘게 매혹하는 결과물을 만들어 냈다.

고딕 지구의 거리도 가우디의 건물도 내게는 모두 평범한 사람을 위해 지어진 궁전이다. 둘 모두 인간성에 대한, 그러니까 인간의 필요·욕구·행위에 대한 찬미처럼 느껴진다. 돈 한 푼 내지 않고 누구라도 향유할 수 있다. 친근하게, 보는 이의 기분을 고양하고 언제나 최소한의 것 이상을 제공한다. 이 건물들은 여행객에게 극적인 경험을 선사하는 모스크바와 스톡홀름의 지하철역을 연상시킨다. 아주 명백하게 '건물'로서 존재하지는 않을지라도, 최소한의 것 이상을 제공할 뿐만 아니라 관대한 인간성으로 매일 수천 명의 사람을 환대하기 때문이다.

모스크바

고딕 지구와 가우디의 건물처럼, 이 지하철역들도 인간의 필요 · 욕구 · 행위를 염두에 두고 지어졌다. 많은 사람에게 사랑받으면서 제작자의 생애를 훌쩍 뛰어넘어 존속할 수 있으리라는 염원과 함께 만들어진 것이다. 단순히 특정 지주의 주머니를 불리기 위한 것도, 30년 후면 허물어질 어떤 보험 회사의 본부가 되려는 것도 아니다. 수백 년간 굳건하도록 지어졌다.

제정신인 사람이라면 그토록 널리 사랑받는 구조물이 공연히 철거되도록 두지 않을 것이다.

자연재해나 전쟁이 아닌 이상, 철거되는 일은 없어야 한다.

바르셀로나 고딕 지구에서 서쪽으로 10킬로미터 거리에 평범한 사람을 위한 궁전이 또 하나 자리하고 있다. 1975년 건축가 리카르도 보필Ricardo Bofill의 설계로 지어진 월든 7 Walden 7은 까사 밀라 같은 고급 아파트 건물이 아니라 국가 주도 하에 당시 통상보다 적은 비용으로 지어진 국가 보조 공동 주택 단지다. 대부분에 관광객에게는 도심에서 너무 멀리 떨어져 있는 곳임에도, 내가 방문한 날에는 단체로 온 듯한 십대 학생들이 선생님으로 보이는 사람의 인솔 하에 주변을 둘러보며 사진을 찍고 메모를 하

고 스케치를 하고 있었다. 월든 7은 14개 층으로 이루어져 있으며, 5개의 안뜰을 중심으로 군집을 형성하고 있는 총 18개의 탑과 함께 400세대 이상을 수용한다. 이 건물 역시 가우디가 설계한 건물처럼 관대하게, 거기에 사는 사람은 물론이고 그렇지 않은 사람에게도 경외심과 매혹의 감정을 불어넣는 데 열성을 다한다. 짙은 붉은빛의 테라코타 색과 더불어 현지에 어울리는 무어풍의 독특한 장소성이 돋보이는 월든 7을 단숨에 파악하기란 불가능하다. 표면 위 복잡한 패턴으로 배열된 원통형 발코니에서 창문이 모습을 드러낸다. 벽 자체도

입체적이고 예측 불가능한 형태로 만들어져 몇 개 층마다 안팎으로 변화한다. 건물의 경이에 걸음이 멎는다. 보통의 '저예산' 주거 프로젝트는 으레 작고 옹색한 출입구를 가지기 마련이지만, 월든 7은 그렇지 않다. 외려 장중하고 장대하게, 복수의 그림자와 반짝이는 푸른색 타일로 극적인 분위기를 담아낸다. 출입구를 지나 내부로 들어갈 때면 마치 공상 과학 소설 속 외계 궁전으로 들어가는 듯한 기분이 든다.

누구든, 어디에서 왔든 자신이 특별하다고 믿는 것은 인간 본성을 이루는 근저다. 우리는 스스로의 특별함을 믿어야 한다. 월든 7은 낮은 사회경제적 지위를 가진 이를 위한 공공 지원 주택으로 지어졌고, 사람들은 일상적으로 건물을 드나들며 자신이 슈퍼히어로가 된 듯한 느낌을 받는다. 돈 많은 사람들을 위해 비싼 값의 자재로 거액을 들여 지은 건물이 아니다. 하지만 설계에 엄청난 정성과 관심을 들였고, 그 정성과 자부심은 수십 년간 이곳에 사는 사람들에게 큰 힘이 되었을 것이다.

나는 어느 낮은 벽에 서서, 지붕을 가리키고 있는 인솔 교사를 바라본다. 그리고 33년 전 브라이튼의 도서 할인 판매 매대 앞에서 했던 생각을 복기한다.

이렇게 생긴 건물은 나에게 이런 느낌을 줄 수 있는데, 왜 이런 건물이 더 많지 않은 걸까?

2주 후, 나는 캐나다 밴쿠버로 여행을 떠나 해안가 호텔에 자리를 잡는다. 길 건너편 넓은 광장은 밴쿠버항의 가장자리까지 펼쳐져 있는데, 대체로 평평하고 사실상 아무도 없다. 반복은 종종 눈에 띄는 반면 복잡성은 찾아볼 수 없다. 공간의 가장자리를 따라 기울어진 가로등 몇 개와 캑터스 클럽 카페Cactus Club Cafe의 노란 차양이 있다. 입구에 자리한 2010 동계 올림픽 성화대로 사용되었던 커다란 조형물은 반투명한 막대들이 서로를 지지하며 일종의 텐트 형태를 이룬다.

근처 건물 중 두뇌를 자극할 건덕지라고는 얼추 이 조형물이 전부이다. 항만의 출렁대는 잿빛 물과 멀리 보이는 눈 덮인 산, 윙윙 소리와 함께 원을 그리며 착륙하는 수상 비행기가 있어 얼마나 다행인지.

도시와 맞닿은 광장 부근에는 철과 유리로 지은 고층 건물이 숲을 이루고 있다. 은빛 알루미늄 틀에 녹색 유리판을 끼운 모습으로, 색마저도 크게 다르지 않아 획일적인 모습이다. 어딘지 모르게 얄팍하고 일시적이며 공허하다는 인상을 줄뿐더러, 특색이라고는 없이 완벽히 익명적이어서 적도 · 북극권 · 싱가포르 · 앵커리지 · 나이로비 · 퍼스, 그 어디에 가져다 둬도 무리가 없을 정도이다.

얼굴 없는 고층 건물 사이에서 홍미로운 지붕 하나를 발견한다. 지붕이 덮고 있는 건물은 갈색 벽돌과 회색 석재로 지어졌다. 건물 중심에 가까워질수록 높아지며 군집을 이루는 다양한 높이의 부분들, 그 꼭대기에 녹색 피라미드가 올려져 있다. 복잡하다. 몇 번 살펴본 다음에야 모양을 파악할 수 있다.

나는 그쪽으로 향한다. 자동차가 달리는 도로를 건너고 콘크리트 계단을 오른다. 여러 건물을 지나치며 앞에 놓인 조형물을 계속 마주친다. 주변의 급조된 모든 익명 구조물로부터 행인의 주의를 돌리는 것이 목적인 것 같다. 마치 사과라도 하는 양, 신축 건물의 시시함, 그 실패를 고백하는 양 느껴진다. 그리고 나는 이 말이 영 틀린 것도 아니라는 사실을 안다. 과거 스튜디오를 처음 시작할 당시, 나는 총체적이고 진정한 건물의 설계 의뢰를 꿈꿨다. 그러

나 거듭 맞닥뜨린 의뢰는 언급한 경우처럼 미술품으로 디자인된 오브제를 만드는 일이었다. 이런 오브제는 미술적 표현을 가장하고 있지만, 실제로는 자신의 건물이 이런 것 없이는 충분히 흥미롭지 않다는 사실을 깨닫고 실망한 의뢰인을 위한 디자인 작품이었다. 밋밋한 건물 디자인이 빈약하게 만든 공적 경험을 미술품으로서 보충하고자 시도했던 것이다.

어느새 흥미로운 지붕들이 한데 모인 그 건물의 건너편에 와 있다. 건물의 이름은 마린 빌딩Marine Building이다. 자연스레 건물의 1층을 흘깃 살피고는 뒤로 기대어 건물을 올려본다. 높이를 빠르게 타고 올라 꼭대기에 다다른 시선이 또 한 번 멈춰 지붕의 디테일을 음미한다. 대다수의 우리는 본능적으로 이 방법을 따라 고층 건물을 음미한다. 건물을 탄생시킨 건축 사무소 맥카터 앤드 네언McCarter & Nairne 역시 이를 이해하고 있는 듯하다. 건물에서 손에 꼽게 흥미로운 요소는 최상단과 최하단과 상단에 위치하고 있는데, 두 곳 모두 우리의 눈길이 자동으로 쉬고 싶어 하는 지점이다. 또한 건물에서 가장 활기찬 요소는 보통 가장 많은 수의 사람들이 건물을 경험하게 되는 범위, 즉 지상 첫 40피트(약 12미터) 안에 집중된다.

까사 밀라가 지어지고 18년 후 1930년에 완공된 마린 빌딩은 당시 유행하던 아르데코 스타일로 지어진 마천루다. 가우디의 작품과는 다르게 곡선형이 아니지만, 굳이 그래야 할 필요도 없다. 이미 제법 복잡하고, 제법 반복적이며, 대체로 심심하고 저렴한 벽돌로 지어졌으면서도 선별된 일부는 제법 호화롭고 관대하다. 벽을 보자면 정말로 유의미한 곳에만 마땅한 수준의 인간적인 손길이 깃들어 있다. 나는 도로를 건너면서 건물 표면에서 읽어낼 수 있는 이미지를 포착하기 시작한다. 물고기, 해마, 바닷가재, 불가사리, 게, 체펠린 비행선, 잠수함, 원양 정기선, 전함, 증기선부터 유명 탐험가들의 배, 이를테면 프랜시스 드레이크Francis Drake의 *골든 하인드Golden Hind*, 쿡 선장Captain Cook의 *레졸루션Resolution*, 조지 밴쿠버George Vancouver의 HMS *디스커버리HMS Discovery*까지.

마린 빌딩의 출입구도 월든 7처럼 거주자와 방문객에게 특별한 사람이 된 듯한 기분을 선사한다. 한 쌍의 넓은 회전문은 금으로 장식되어 있고, 떠오르는 태양이 돛을 활짝 편 목선 위로 찬란한 광선을 뿜어낸다. 그 중심에는 십자가가 세워져 있으며, 태양의 꼭대기에는 여섯 마리의 거대한 캐나다 기러기가 날고 있다. 행인 가까이에 있는 건물 낮은 곳의 표면은 대부분 사람 손에 조각되거나 재료의 자연스러운 외관을 유지하는 채 복잡성을 드러낸다.

바르셀로나 못지 않게 이곳에도 음미할 것이 너무나 많다. 별수 없이 잠시 멈춰 선 나는 수수께끼를 이해하려는 시도를 즐겨본다. 마린 빌딩 여기저기에서 느껴지는 사치스러운 손길의 실제적 기능이 무엇이냐는 질문에 건축가 존 Y. 맥카터John Y. McCarter는 '무언가 매력적인 것'을 만들고 싶었다고 변호한다. "여러분도 아시다시피, 같은 것을 시도해도 결과는 늘 다르기 마련입니다 … 예전 밴쿠버 호텔에는 모종의 매력이 있었어요. 사실은 분위기인데요, 새 호텔에서도 그걸 재현하려 했었죠. 그런데 끝까지 성공하지는 못했습니다. 새 호텔에는 아무 것도 없지만, 예전 호텔에는 분위기가 있었어요."

예전 밴쿠버 호텔을 (사실 새 호텔도) 보지는 못했지만, 내 생각에 맥카터는 자신이 설계한 건물에 '분위기'를 불어넣고자 하는 소기의 목적을 달성했다. 맥카터의 건물은 아우라를, 또 고유의 성격을 가지고 있다.

마린 빌딩은 점진적인 감정의 고조를 촉발한다. 즐거움을 준다. 관대한 마음을 가졌다. 모험과 발견과 바다의 경이로움에 관한 이야기를 들려준다. 우리 주변 세계가 사실은 흥미롭고 생생하게 살아 있음을 상기시킨다.

마린 빌딩은 인간의 욕구와 필요를 진심으로 배려하는 이들의 작품이 아닐까.

마린 빌딩을 떠나 더 깊은 도심으로 걸어 들어간다. 폭넓게 쭉 뻗은 간선 도로, 웨스트헤이스팅스 스트리트에는 눈을 씻고 찾아봐도 바르셀로나 고딕 지구의 신비나 모험 같은 것이 없다. 넓은 도로 폭의 문제만은 아니다. 그보다도 근본적으로, 인간적인 장소라는 느낌이 없다. 이 도로는 자동차와 돈이라는 비인간적 요소를 위해 지어졌다는 느낌을 준다.

내 오른편에 피너클 호텔 하버프런트Pinnacle Hotel Harbourfront가 있다. 호텔은 장대할지언정 다양한 층위로 이루어진 마린 빌딩 같지 않고, 바르셀로나 고딕 지구의 높고 좁은 구조물과도 다르다. 마치 가로로 눕혀진 마천루처럼 여봐란 듯이 수평적인 느낌을 준다. 고개를 아래로 10도쯤 기울인 채 풍경 속을 걷는 이들은 위, 아래보다는 자기의 걸음과 그 앞을 바라보게 마련이다. 지나치게 강조된 긴 수평축은 폭압적인 반복 효과를 나타내는 경향이 있다. 오직 복잡성만이 수평적 반복성의 단조로움을 바로잡을 수 있다.

그러나 이곳에는 전무하다. 피너클 호텔 하버프런트 앞을 지나칠 때면 대개 대형 유리판이나 플라스틱 간판이 보인다. 건물의 거대한 창문은 천장부터 바닥까지 이어진다. 현대적인 매장이나 카페, 사무실에서 흔히 볼 수 있는 이런 요소는 채광 및 상업용 진열 공간을 극대화하려는 의도로 설치되지만, 종내에는 그저 누군가 유리에 기대어 놓은 가방과 쓰레기통, 진공청소기로 바닥을 밀다

이 건물의 아래쪽을 지날 때
과연 흥미로움이 느껴질까? →

가 탁자 다리나 벽을 때려 생긴 흠집으로 시선을 모을 뿐이다.

어둡고 평평한 창문과 붉은색 간판 위 창백한 콘크리트 벽이 수평으로 이어진다. 빗물을 막아줄 처마 없이 설계된 탓에, 수년간 떨어진 빗물이 벽면에 흉한 수직 줄무늬를 만들었다.

사랑받지 못하고 물때가 낀

상단의 UFO는 누가 신경이나 쓰나?

표면을 가득 메운 흥미로운 요철들이 특별한 방식으로 세월의 흔적과 때를 숨길 수 있게 하는 바르셀로나의 건물들과 달리, 아무런 장식도 없는 호텔의 표면은 빈 캔버스가 되어 수십 년간 쏟아지며 얼룩을 남긴 빗물을 강조한다.

콘크리트 띠 위에 특징 없는 검은색 수평 벽이 있고, 그 위로 볼품없고 기형적인 관목 몇 그루가 자란다. 바로 위에는 반복적인 텅 빈 격자 무늬로 배열된 호텔 객실이 높은 벽을 이루고 있다. 장난스러운 복잡성이라고는 전혀 없는 디자인 탓에 한 번 훑어보기만 해도 전체를 이해할 수 있다. 물때야말로 가장 흥미로운 요소라는 점이 묘하다. 건물 꼭대기, 지붕 위로 돌출된 UFO 모양의 이상한 원판은 아마 레스토랑인 듯싶다. 그러나 이는, 길거리에서는 잘 보이지도 않는다는 사실로 미루어, 행인을 위해 만들어지지 않았다.

한때 존 Y. 맥카터가 얘기했던 '분위기'는 어디에 있는 거지? 즐거움은 어디에 있으며? 이야기는 어디에 있고? 찬미는 어디에 있을까? 관대함은? 배려라는 감각은 어디에 있지? 인간적인 손길은 어디에 있는 걸까? 번화한 거리에 거대한 건물을 세워 날마다 수천 명의 사람이 경험하게 한다면 객실 내부의 호텔 투숙객뿐만 아니라 주변 지역 사람들의 기분을 좋게 만드는 방도에도 관심을 두는 것이 마땅하지 않을까?

다음 블록에서 엄청나게 많은 에어컨 실외기를 간신히 가리고 있는 얇은 담쟁이덩굴 벽을 지나는데 뜨겁고 더러운 공기가 얼굴로 밀려 들어온다. 무슨 건물인지는 몰라도, 이쪽이 앞면 아닌 뒷면이기 때문에 어떻게 보이든 어떻게 행동하든 신경쓸 바 아니라고 생각한 게 뻔하다. 매일 수천 명의 사람이 지나다니는 세계적인 도시의 중심가라는 사실은 아무래도 좋은 것 같다. 바르셀로나와 밴쿠버 다른 지역에서는 관대함을 경험했고, 여기서는 이기주의를 맞닥뜨린다.

왜, 이토록 풍요로운 21세기에 우리는 월든 7이 아닌 피너클 호텔 하버프런트 같은 건물에 둘러싸여 있을까?

월든 7과 같은 건물은 현대에도 터무니없이 많은 비용을 들이지 않고 인간적인 건물을 만들 수 있다는 사실을 보여준다.

그렇다면 왜?

왜 우리는 계속 이런 건물을 짓는 걸까?

건축업에 몸담고 있는 사람이 아니라면 정답에 놀랄지도 모른다.

마린 빌딩과 까사 밀라가 한창 지어지고 있던 20세기 초, 어느 순간 건물에 관한 우리의 사고방식에 믿기지 않는 혁명이 일어났다. 건물이 어떻게 보여야 하는지를 말하는 급진적이고 새로운 발상이 학계와 전문가 집단을 휩쓸었고, 곧 세계를 장악했다.

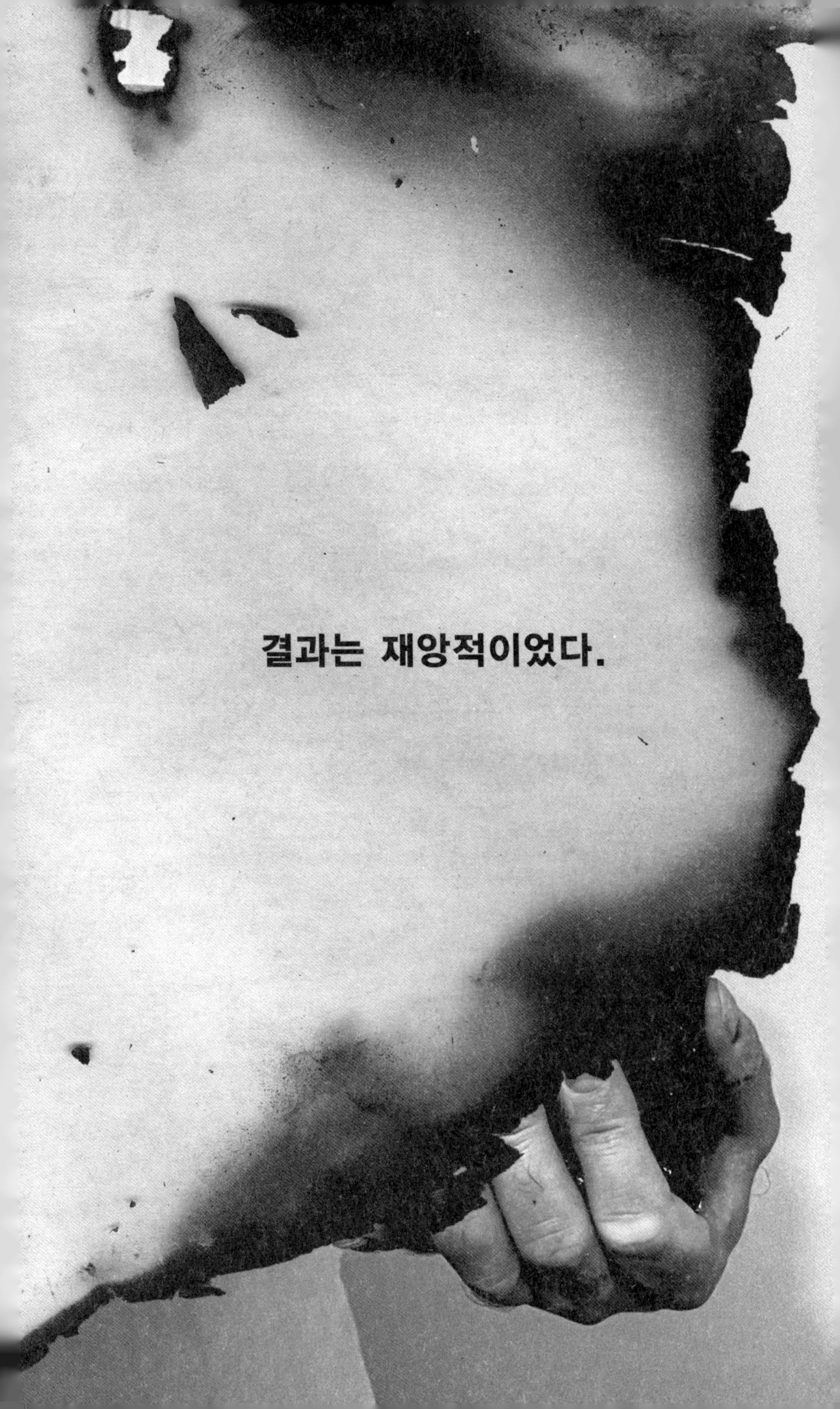

결과는 재앙적이었다.

2020-2025

2015-2019

2010-2014

2005-2009

2000-2004

100년의 재앙

5 013922 061948 >
Item Number: 6194
Datei Kasten
Boîte de Rangement
Archivo de Caja
Box Bestand
Item Number: 6194
Datei Kasten
Boîte de Rangement
Archivo de Caja
Box Bestand

그리스

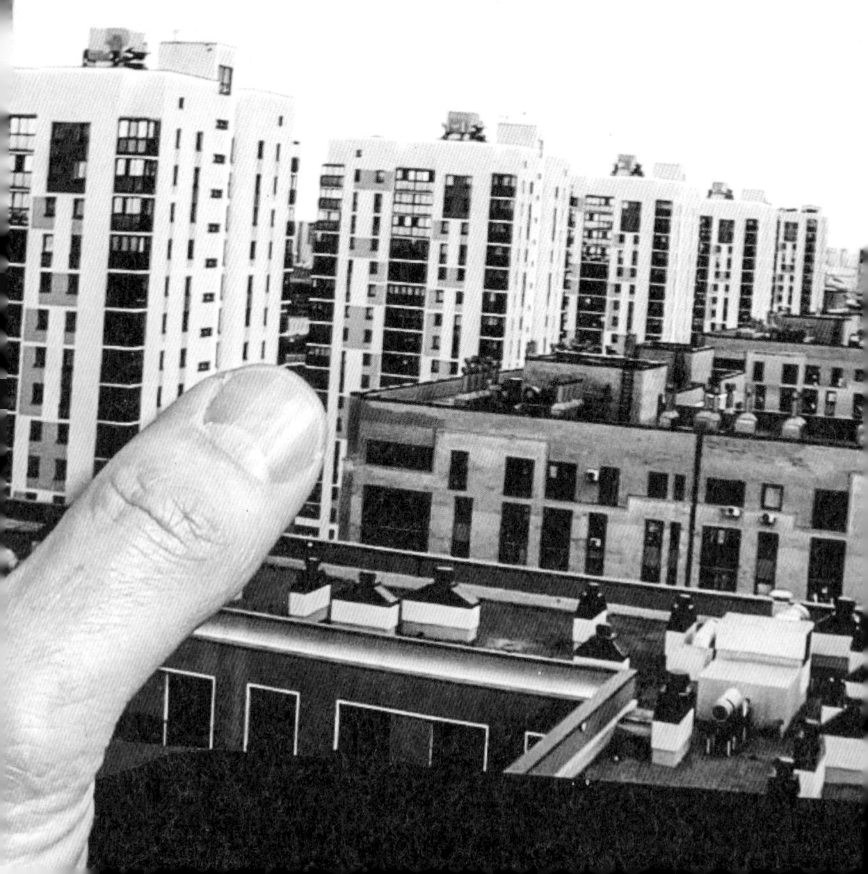

아르헨티나

독일

이 건물이 철거된다 한들
누가 슬퍼할까?

러시아

이보다 재미없는 건물을
설계할 수 있을까?

브라질

왜 어떤 도시는 이런 건물을
그리도 많이 승인했을까?

이탈리아

이런 건물 바깥에서
데이트할 마음이 들까?

건물을 설계한 사람은
여기서 살고 싶을까?

싱가포르

이 얼마나 "관대한" 건물인지?

케냐

잉글랜드

인도

상상 속 꿈의 도시를 그려보라는
말에 이런 장면을 그릴 아이들이
몇이나 될까?

이런 건물의 디자인을 기억하는 데는
몇 초면 될까?

호주

일본

미국
at&t

이런 건물이 미국인이어서
자랑스럽다고 느끼게 해줄까?

지금까지 본 건물이
당신에게는
어떤 느낌을 주는가?
TAXI

따분함의 해부

비인간적 건물이라는 전염병이 어떻게 세계로 퍼져나갔는지 알아보기에 앞서, 그게 왜 대수인지를 설명해야 할 것 같다.

건물의 내부보다는 외부의 중요성을 이야기하고 싶다. 내부야 어찌 되든 좋다는 말이 아니다. 당연히 중요하다. 단지, 건물 안에 들어가는 사람에게만 중요할 뿐이다. 게다가 페인트나 물건, 가구의 도움이 있으면 건물 내부의 느낌을 바꾸는 일은 그리 어렵지 않다. 외부의 경우는 다르다. 건물의 외부는 지나치는 모두와 상관이 있다. 그리고 이쪽의 머릿수가 훨씬 더 많다. 그럼에도 대다수 우리는 외부가 주는 느낌을 바꾸기에는 실로 무력하다.

사무실이나 아파트 블록 내부에서 시간을 보내는 사람이 한 명 있다고 할 때 날마다 그 건물 밖을 지나는 사람은 수백, 수천 명에 이른다.

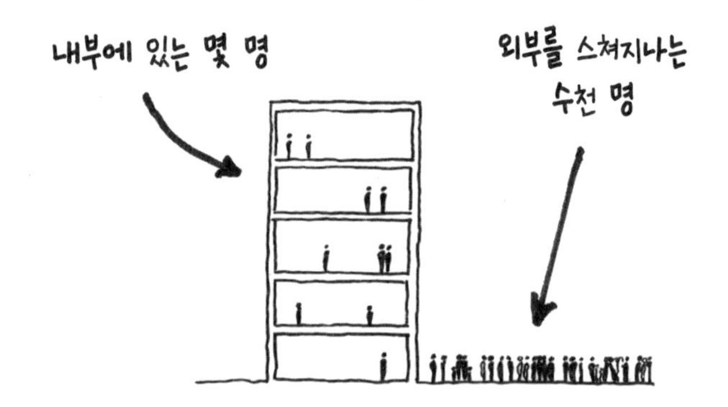

까사 밀라나 피너클 호텔 하버프런트처럼, 이 건물의 외부도 모든 사람들에게 영향을 줄 것이다. 사람들의 기분에 영향을 줄 것이다.

수십 채의 건물을 지나며 길을 걷는 동안 사람들은 수십 가지의 감정을 느끼게 된다.

그리고 감정은 합쳐진다. 이런 감정이 중요하다.
우리 생각보다 더.

지난 100여 년 동안 우리가 매일 지나치는 평범한 건물의 외관은 특정한 '모습'을 가지게 되었다. 밴쿠버에서 본 모습, 방금 빠르게 훑어본 페이지에서 본 모습들. 알잖나. 전 세계 모든 도시와 마을에서 볼 수 있는 모습이다.

이러한 모습은 놀랍도록 해로운 것으로 밝혀졌다. 우리를 위해 지어져 이런 모습을 채택한 장소는 우리에게 스트레스를 주고, 우리를 병들게 하며, 우리를 외로움과 두려움에 떨게 한다. 분열과 전쟁, 기후 위기의 원인이기도 하다.

한 세기 전 우연히 발견한 모습은 전 지구적 재앙이 되었다.

내가 이야기하는 건물의 종류를 묘사하는 말이 있다.

마음에 드는 말은 아니다. 단조롭고 모호하며 잊어버리기 쉽다. 진지하지 않은 것 같기도 하다.

이 말은 자신이 묘사하는 해로움을 제대로 담아내지 못한다. 지난 100년 우리 마을과 도시를 서서히 휩쓸며 파괴·불행·소외·질병·폭력을 가져온 강렬하고 끔찍한 변화를 포착하는 데 실패한다.

더 나은 말이 있으면 좋으련만. 듣는 순간에, 내가 여전히 우리를 사로잡고 있다고 믿는 100년 동안의 전 세계적 재앙을 직감적으로 느낄 수 있는 말이.

그러나 이 재앙을, 건물을 생각할 때면 항상 이 말로 돌아오게 된다.

바로 이것이다.

따분하다.

진작 경고했다.

'따분하다'는 말을 들은 당신은 아마 분명 이렇게 생각하겠지. '건물의 따분함이 주제인 책이라… *진심인가?* 사회적 불의 · 기후 위기 · 정치의 양극화 · 전쟁 · 독재 · 부패… 세계에 셀 수도 없이 많은 문제가 있는 지금 같은 때에 시끄럽게 부산을 떨고 있다는 대상이… *뭐, 따분한 건물이라고?!*'

그리고는 이런 생각을 할지도 모르겠다. '너 따위가 뭔데 건물이 따분하대? *네* 마음에 안 든다고 해서 이 쇼핑센터나 저 사무용 단지가 나쁜 건 아니야.' 타당하다.

당신 역시 같은 생각을 하고 있다고 해도 탓하지 않겠다. 나라도 그랬을 테니까.
그저 몇 페이지만 참고
기다려 달라고 부탁
하는 수밖에 없다.

수십억 인구에 영향을 미치는 몇 가지 심각한 문제를 고려해야 한다.

이 책의 1부가 끝날 때쯤이면 우리가 따분함이라는 전염병의 공격을 받고 있으며, 이것이 실로 전 지구적인 재앙이라는 사실을 당신이 납득했기를 바란다.

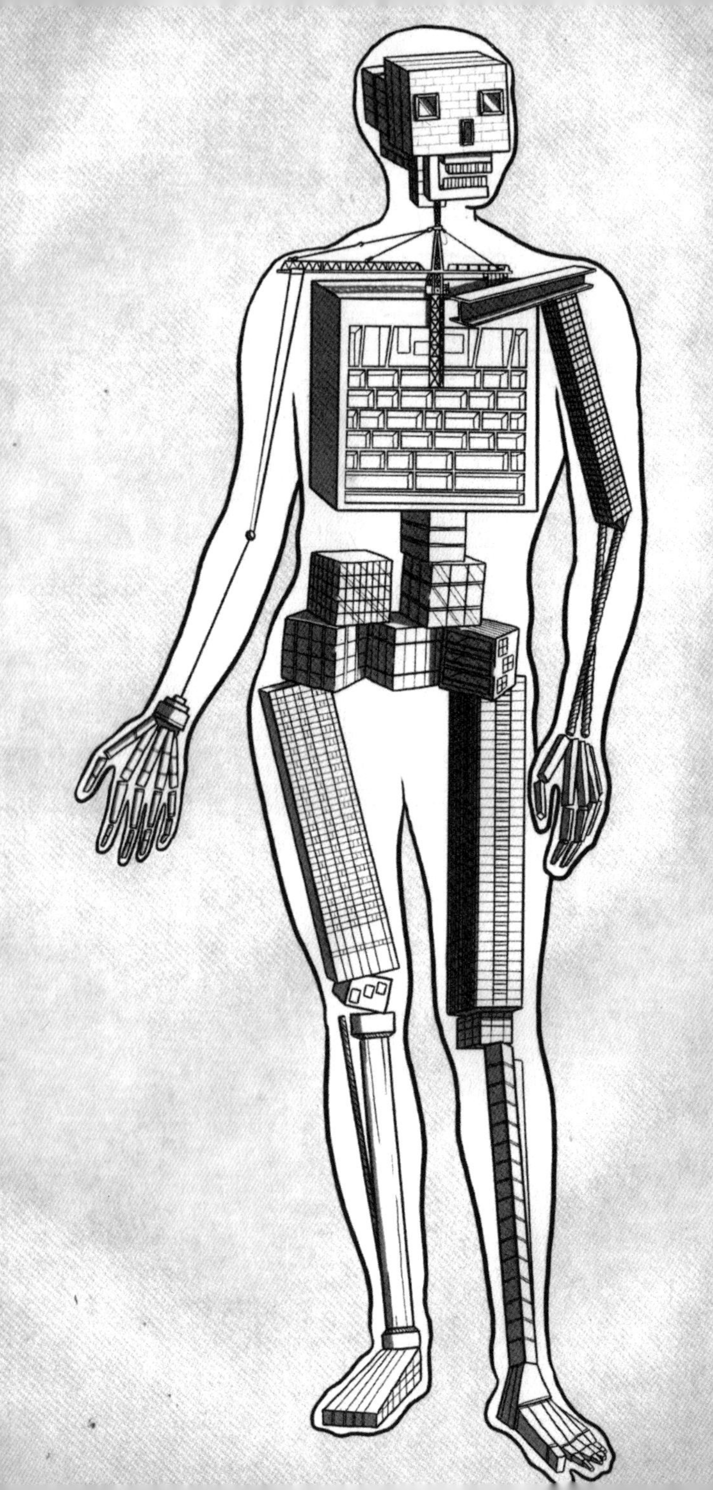

따분함의 해부

따분함이란 정확히
무엇일까?

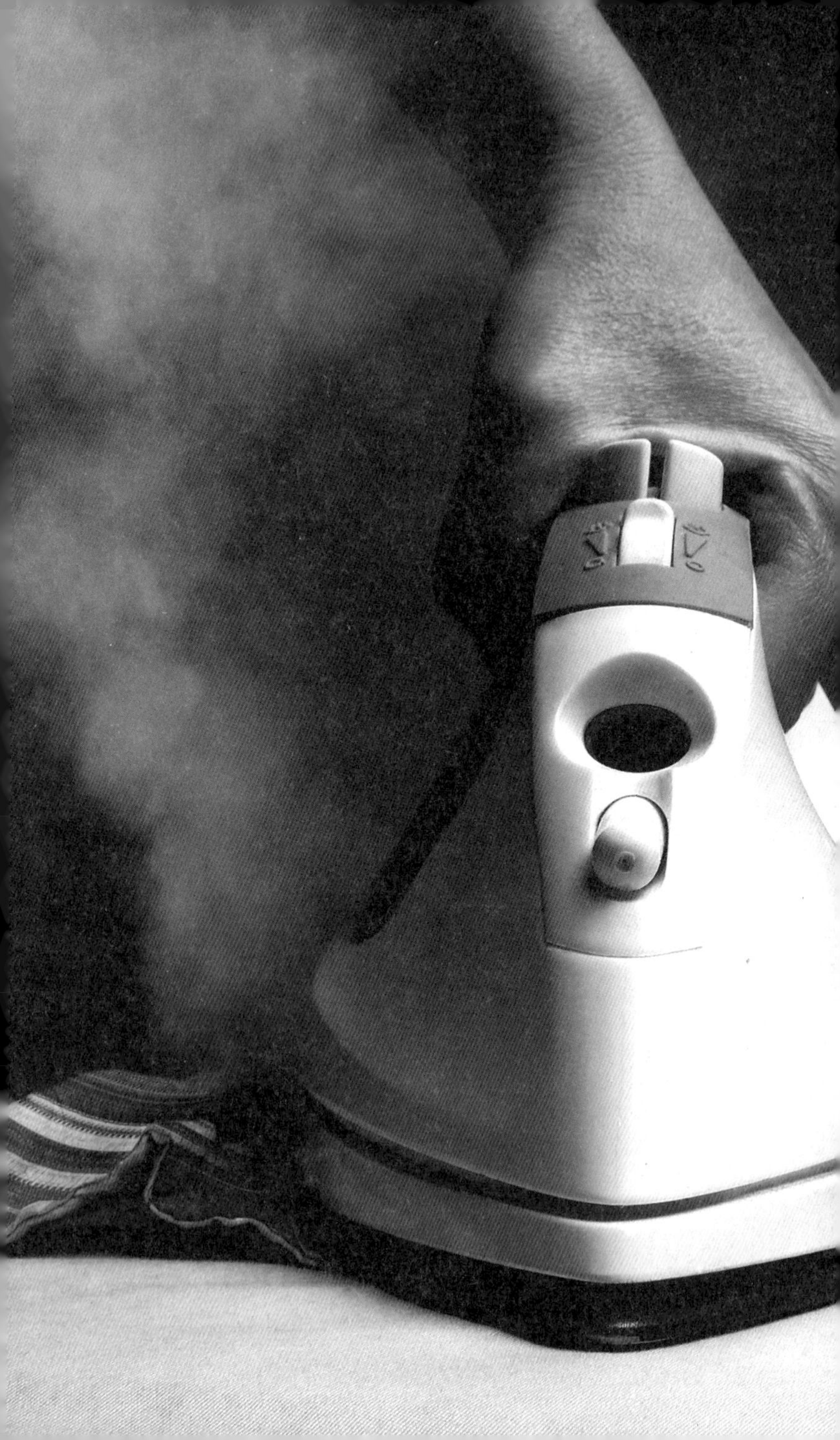

너무 평평하다

현대적인 건물의 정면은 믿기 힘들 정도로 평평한 경향이 있다.

창문과 문이 거의 들어가지도 나오지도 않는다.

지붕도 평평한 경우가 많다.

건물의 요철은 흥미를 자아내기에 중요하다. 까사 밀라에서 보았듯, 깊이는 직선을 튀어나오게 하거나 분절하거나 빛과 그림자가 놀 수 있는 표면을 만드는 식으로 흥미를 유발한다. 깊이감이 있는 건물은 태양의 움직임에 따라 이쪽은 밝고 저쪽은 어둡게, 지구가 회전하면서 하루 동안 출입구와 창틀을 통해 들어오고 나가는 빛과 함께 미묘하고 복잡한 방식으로 외관을 달리한다.

너무 평평한 건물은 고문 수준으로 따분하다.

너무 밋밋하다

현대식 건물에는 장식이 없다.

지어진 지 100년 이상 된 건물을 보면 설계자가 얼마나 많은 품을 들여 복잡함을 더했는지 알 수 있다. 이런 건물에는 패턴·디테일·장식이 있다.

요철, 틈, 굴곡, 총안, 처마 돌림띠, 그리고 안팎으로, 주변부로 돌출된 지점이 있다. '특별'하거나 '중요'하다고 여겨지지 않은 일상적인 건물마저 이 같은 태도로 만들어졌다. 흥미로움과 당대의 미에 대한 관심과 함께.

너무 밋밋한 건물은 따분하다.

너무 직선적이다

현대적인 건물의 디자인은 직사각형에 기초하는 경향이 있다. 고전적인 건물 역시 크게 다르지 않기도 했을 뿐더러, 이런 접근법 자체가 본질적으로 잘못된 것은 아니다. 극히 실용적이라는 점에서 일종의 논리적 의의도 있다. 직선과 직각을 사용한 설계가 훨씬 수월하다. 손쉽게 사각형을 그려주는 최신 건축 설계 소프트웨어를 사용한다면 더 말할 것도 없고.

그러나 직선과 직사각형 구조에만 의존하는 설계는 이제 한계에 다다랐다. 직선과 직사각형이 독재하는 대형 건물은 반복적인 수평의 장면을 만들어 내고, 지나가기에 딱딱하면서 전혀 친근하지 않게 느껴진다. 이런 건물은 인간에게 우호적이지 않다. 자연에는 직선이나 직각이 거의 없다는 점을 감안할 때 놀라울 정도로 부자연스럽기도 하다.

직사각 창문 위에 약간의 곡선을 덧붙이려 한다는 말에 '대범하다'고 했던 건축가를 떠올려보라.

곡선이 그렇게 무서울 일인가?

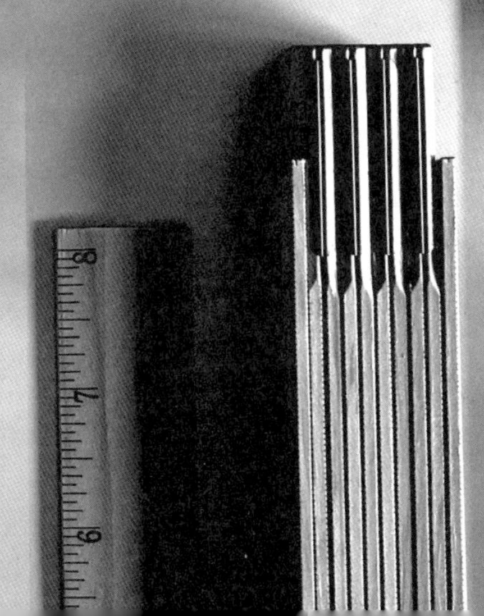

너무 반짝인다

현대적인 건물의 외부는 많은 경우 금속이나 유리처럼 매끈하고 평평한 재료로 만들어진다. 반짝이는 재료는 물론 나쁘지 않지만 건물 전체나 심지어는 구역 전체가 오직 딱딱한 느낌을 뿜는 재료로만 만들어질 때 우리의 감각은 무관심으로 마비된다. 다양성의 부족은 감각을 심각하게 둔화시킨다.

신축 건물의 경우 종종 함께 고정된 비교적 얇은 유리판이 단단한 벽에 난 창문을 대신한다. 큼직한 금속 패널이 한 영역을 차지하고 있다고 하더라도 모든 재료의 표면은 여전히 균일하게 매끄럽고 평평한 편이기에 우리의 감각이 달라붙을 여지를 주지 않는다.

그중 가장 극단적인 사례가 바로 건설업에서 발명한 커튼 월 유리로, 이를 통해 건물 외부를 전부 거대한 유리판으로 덮을 수 있다. 커튼 월 유리를 사용함으로써 건물 외부가 품을 수 있는 인간적인 관심과 다양성은 사실상 죽고 만다.

너무 반짝이는 건물은 따분하다.

유리 외장재의 증가세는

조류의 대량 학살에도 영향을 미쳤다.

미국에서만 매년 1억 마리에서 10억 마리의 새가

유리창에 부딪혀 죽는 것으로 추산되고 있다.

너무 단조롭다

현대적인 건물은 작은 직사각형으로 이루어진 직사각 형태를 취하는 경우가 많다. 직사각형은 격자식으로 배열된다.

일직선 거리에 이러한 격자식 건물이 줄지어 있을 때, 풍경은 크고 평평하며 반짝이는 밋밋한 직사각형의 반복적인 행렬이 된다.

멀리서 보면 단조롭다. 가까이서 봐도 단조롭다.

이런 종류의 단조로움은 인간에게 영감을 주거나 인간의 흥분을 유발하지도, 인간을 매혹하지도 못한다.

우리가 선택의 여지 없이 거주하고 일하게 되는 장소는 결국 이런 모습에 가까워진다: 다아아아안조로움.

← 홍콩에 실제로 있는 건물

Cayman S

너무 익명적이다

100년 혹은 그보다 더 전, 건물의 외부는 장소의 특성을 담고 있었다. 표현력을 가지고 있었다고도 할 수 있겠다. 그때의 건물은 자기가 속한 곳과 자기가 속한 사람에 대한 이야기를 들려줬다. 오늘날, 건물은 말이 없다.

100년 재앙은 문화 혁명이었다. 새 건물에게서 고유한 성격과 장소성을 가차없이 빼앗았다.

너무 익명적인 건물은 따분하다.

이 신축 건물은
그 안에 들어선 조직에 관해
무엇을 말해 주고 있을까?

너무 진지하다

이런 종류의 사무용 건물을 보면 어떤 느낌이 드는가?

진지한 느낌, 어쩌면 약간은 위협적인 느낌마저 들 것이다. 진지한 삶을 살아가는 진지한 사람을 위한 진지한 건물이다. 건물이 진지해 보여야 할 필요가 뭐지? 제작자한테는 사람을 즐겁게 하

는 장소를 만드는 일이 그리 두렵나? 이런 건물은 복수의 감정을 불러일으킬 여력이 없다. 병적인 긴축 감정을 앓고 있는 것이다.

너무 진지한 건물은 따분하다.

따분함은 언제 안 따분할까?

지금껏 말한 모든 것에도 불구하고, 제시한 요점에 일일이 매달리지 않는 것이 중요하다.

평평함이
매력적일 때도 있다.

밋밋함이
우아할 때도 있다.

직선이 흥미진진할 때도 있다.

반짝임이

미소짓게 할 때도 있다.

단조로움이

황홀할 때도 있다.

익명성이

필요할 때도 있다.

진지함이

알맞을 때도 있다.

작품 설명은 494쪽 참조

따분함은 언제 따분할까?

올바른 맥락에서 올바른 의도와 함께라면 따분함의 기본 요소도 훌륭할 수 있다. 하지만 이러한 요소가 한 건물이나 장소에 너무 많이 모이게 될 때 따분함은 심각한 문제가 된다.

내가 보기에 따분함은 방정식이다.

설탕 · 지방 · 탄수화물 · 알코올 · 니코틴을 인체에 과도하게 넣는 식이다. 대부분의 경우, 이런 요소가 평생에 걸쳐 조합되고 축적되면 사람이 죽는다.

과한 따분함이 한 공간에 자리할 때,

따분함은…

해로워진다.

따분함은 어떻게 해로울까? 따분함이란 그저 어떤 부재, 멈춤, 무無의 조각 아닌가? 무, 즉 '아무 것도 아님'은 당신을 해칠 수 없다. 결국 아무 것도 아니기에.

그러나 잘 알려지지 않은 놀라운 진실은 따분함이 '아무 것도 아님'보다 나쁘다는 것이다.

그것도 훨씬.

따분함은 심리적 박탈 상태이다. 음식이 부족할 때 신체가 고통받는 것처럼, 감각 정보가 부족할 때 뇌는 고통받게 된다.

따분함은 마음의 굶주림이다.

신경 과학자 콜린 엘라드Collin Ellard는 이런 현상이 어떻게 나타나는지를 연구했다. 2012년, 엘라드는 뉴욕에서 사람들이 따분한 장소를 걷다가 곧이어 흥미로운 장소를 통과할 때 어떤 느낌을 받는지 분석했다. 서로 다른 장소에서 짧은 시간 머무르는 일이 사람의 기분에 어떤 영향을 미치는지 알고자 한 것이다.

이곳은 따분한 장소이다. 뉴욕 로어 이스트 사이드에 위치한 대형 슈퍼마켓 홀 푸드Whole Foods의 외부. 한 구역을 통째로 차지하고 있다.

이곳은 흥미로운 장소이다. 홀 푸드에서 멀지 않은 여기는 이 근방에서 흥미로운 장소이다. 엘라드가 고른 곳도 여기와 비슷하다.

피실험자 그룹이 각 장소를 돌아다니는 동안 특별히 고안된 스마트폰 앱을 통해 무엇을 보고 있는지, 어떤 기분이 드는지를 물었다. 슈퍼마켓 외부를 지날 때는 심심함·단조로움·냉정함이라는 응답이 가장 많았다. 그러나 슈퍼마켓에서 한 블록 떨어진 곳에서는 *사교적·번잡함·활기참*이라는 응답이 우세했다.

사람들의 기분이 어떻게 바뀌는지 파악하는 데 사실 앱은 필요하지도 않았다. 노골적이었기 때문이다. 엘라드가 연구 기록에 적기를, "텅 빈 파사드, 즉 건물 정면 앞에서는 사람들이 조용하고 움츠러든 자세로 소극적인 태도를 보였다. 보다 활기찬 현장에서는 사람들이 생기를 찾고 수다스러워지는 통에 열의를 가라앉히는 데 어려움을 겪었다." 이 연구의 한 가지 규칙은 참여자들이 서로 이야기해서는 안 된다는 것이었다. 홀 푸드 마켓에서는 아무 문제 없이 침묵이 유지된 반면 흥미로운 장소에 이르러서는 연구자가 피실험자를 통제할 수 없게 되었다. 침묵이라는 규칙은 "금세 무색해졌다. 많은 참가자가 여정을 그만두고 장소의 재미에 동참하겠다는 의사를 표했다."

엘라드는 또한 정기적으로 참가자의 피부에서 감정 상태와 관련한 데이터를 측정했다. 데이터는 특수한 팔찌를 통해 수집되었는데, 팔찌는 과학자들이 '자율신경 각성autonomic arousal'이라고 부르는 상태를 감지할 수 있었다.

자율신경 각성은 우리가 얼마나 각성되어 있는지, 위협에 대응할 준비가 되어 있는지를 나타낸다. 스트레스 척도인 셈이다.

수집한 데이터를 검토한 결과, 엘라드는 따분한 장소 속 사람들이 아무 것도 느끼지 않는 상태에 있다는 생각은 잘못된 것임을 발견했다. 자율 각성, 즉 스트레스 수치가 높아진 것이다.

따분함은 그저 무엇도 느끼지 못하게 하는 것이 아니었다. 피실험자의 뇌와 몸은 스트레스 상태에 빠져들고 있었다.

포식자에게 쫓기거나 감옥에 갇혀 있을 때의 스트레스는 원인을 쉽게 떠올릴 수 있다. 하지만 따분한 '장소'가 스트레스를 주는 것은 왜일까?

과학자들은 우리가 어떤 환경에 들어설 때 무의식적으로 정보를 검색한다는 사실을 밝혀냈다. 우리의 두뇌가 진화를 겪으며 지금의 모습을 갖추기까지, 수백만 년 동안 우리는 자연 속에서 살았다. 자연 환경은 복잡성으로 가득 차 있다. 매초마다 우리의 감각은 환경과 주위를 둘러싼 것들에 관한 약 1,100만 개 정보를 뇌에 전달한다. 신체가 일정 수준의 산소·물·음식을 기대하는 것과 비슷하게 인간의 뇌 역시 일정 수준의 정보를 기대하도록 진화해 왔다.

복잡성보다 반복을 우선시하는 따분한 현대 풍경은 우리에게 부자연스럽게 낮은 수준의 정보를 제공한다. 엘라드가 제창한 이론에 따르면 따분한 풍경을 걷는 일은 마치 '그것', '그래서', '그'와 같은 단어만 들리는 전화 통화와 같다. 일부 정보는 있지만, 반복적인 데다 복잡하지도 않으며 매우 저질이다.

뇌는 주변 환경으로부터 정보를 박탈당하면 무언가 잘못되었다는 신호로 받아들인다. 당황한다. 뇌는 신체를 경계 상태로 전환하여 위험에 대처할 수 있도록 준비 태세를 갖춘다.

한 세기 전만 해도 따분한 외부 도시 환경을 찾기란 극히 어려웠을 것이다. 오늘날 따분한 환경은 도처에 있다. 따분함이 우리를 감싸고 있다.

따분한 풍경을 걷는 것만으로도 스트레스를 받는다는데, 올해도 내년에도 따분한 집에서 평생을 살아야 한다면 어떻게 될까? 따분한 사무실, 따분한 공장, 따분한 창고, 따분한 병원, 따분한 학교에서 평생을 일해야 한다면 어떤 일이 일어날까?

따분함을 느낄 때면 스트레스 호르몬인 코르티솔 수치가 폭발적으로 상승한다. 코르티솔 수치가 오랜 시간 높은 상태로 유지되면 암·당뇨·뇌졸중·심장병 등 끔찍한 질병을 얻기 쉽다. 영국의 한 주요 과학 조사에 따르면 "따분하다고 느끼는 사람은 따분하지 않은 사람보다 일찍 사망할 가능성이 높다"고 한다.

따분함은 또한 여러 부정적인 행동을 촉진하는 것으로 밝혀졌다. 〈사이언티픽 아메리칸Scientific American〉은 따분함이 "우울증·불안·약물 중독·알코올 중독·강박적 도박·섭식 장애·적대감·분노·사회성 저하·성적 부진·업무 성과 저하"의 위험을 높인다고 보도했다. 킹스 칼리지 런던의 연구원들은 따분함이 "재정·윤리·여가·건강·안전 영역에서 더 큰 위험 부담을 가져온다"는 사실을 발견했다. 따분함의 삽화, 즉 따분함이 찾아오는 시기는 중독자의 재발을 예측하는 가장 일반적인 요인 중 하나다. 과학자들은 따분함이 과도하면 극단적인 정치적 신념을 채택할 가능성이 높아진다는 사실도 발견했다.

인간은 따분한 삶에 잘 적응하지 못한다.

따분한 건물은 우리를 망가뜨린다. 따분한 건물은 비인간적이다.

평평하고, 직선적이고, 밋밋하고, 단조롭고, 익명적이고, 진지한 현대 도시 공간은 우리가 느끼고 행동하는 방식에 변화를 야기한다. 따분함의 왕국은 우리를 반사회적으로 만든다.

100년 이상 된 주택은 비교적 저층으로 7층을 넘지 않는 경우가 많았다. 소득이 극히 낮은 사람들이 공유하는 주택 역시 뒷마당, 앞마당, 넓은 앞 계단 등의 특징을 가지고 있었다. 이러한 건물은 대개 서로 마주보며 거리에 일렬로 늘어서 있었다.

뒷마당, 앞마당, 넓은 앞 계단, 길거리 등은 모두 사람들이 서로를 바라보고, 머무르고, 이야기를 나누도록 장려하는 장소이다. 사람들이 보고, 머무르고, 이야기 나누는 장소에는 공동체 의식이 존재할 가능성이 높다.

저층 주택이나, 연립 주택이 늘어선 잘 설계된 거리에 살면 서서히 이웃과 친해질 준비가 되어 있는 것이라고 할 수 있다. 뒷마당과 앞마당, 계단, 인도, 거리에서 서로를 마주칠 때 짧게 목례하며 서로의 존재를 알아보는 것으로 친분이 시작될지도 모른다.

목례는 미소가 된다.

미소는 알아봄이 된다.

알아봄은 가벼운 대화가 된다.

가벼운 대화는 더 크고 무거운 이야기가 된다.

크고 무거운 이야기는 우리 삶을 더 의미 있게 하는 우정이, 양질의 관계가 된다.

이처럼 건물의 외부 디자인은 우리 삶과 사회의 형태에 지대한 영향을 미칠 수 있다. 최상의 경우, 건물은 우리를 서로에게로 향하게 하여 긍정적으로 연결될 가능성을 높인다. 인간은 사회적 동물이다. 우리는 서로를 지지하는 연결망 안에 안정적으로 연결되어 있을 때 번성하고, 그러지 못할 때 고통받는다.

20세기, 우리는 연립 주택이 들어선 거리라는 발상을 버리고 공지로 둘러싸인 단독 주택 단지로 대체했는데, 이러한 주택 단지에는 1층에 요구되는 사회적 세부 사항이 전반적으로 부족했다. 2008년 미국의 과학자들은 플로리다주 마이애미의 가난한 히스패닉 지역인 이스트 리틀 아바나에 사는 노인을 대상으로 다양한 종류의 건물이 노인에게 미치는 영향을 조사했다. 그 결과, 현관이나 넓은 출입 계단 같은 '긍정적인 정문 기능'이 부재하는 건물의 주민이 3배 가까이 높은 확률로 건강 문제를 겪는다는 사실을 발견했다. 비록 이런 차이 중 일부는 현관 계단 오르기가 신체에 주는 직접적인 이로움과 관련하는 것으로 여겨지지만, 못지않게 중요한 사실은 주거지 앞에 이 같은 준-사회적 공간이 없는 이들이 지역 사회와의 약한 유대 탓에 사회로부터 고립되어 있었다는 점이다.

인간적인 것은 사회적인 것이다.

우리는 사회적으로 고립될 때 병들고 슬퍼지며 더 빨리 죽는다.

따분한 장소는 우리를 반사회적으로 만든다.

따분한 장소는 비인간적이다.

← 1945년 런던, 유럽 전승 기념일을 축하하는 이웃들

과학자들은 수년에 걸쳐 사람이 자연과 함께 있을 때 더 행복하고 건강해진다는 가설을 뒷받침할 강력한 증거를 수집해 왔다.

일리노이대학교 조경 및 인간 건강 연구소의 프란시스 쿠오Frances E. Kuo 박사는 시카고의 악명 높은 주택 프로젝트인 로버트 테일러 홈즈The Robert Taylor Homes에서 이러한 효과를 연구했다. 1962년 건설 당시 이 주택 단지는 16층짜리 콘크리트 타워 28개로 구성된 세계 최대 규모의 공공 주택 단지였다. 개발 과정 또한 폭력적이고 위험했다. 주민들은 그런 곳에서 생활하는 데 따른 스트레스를 어떻게 극복했을까?

쿠오는 로버트 테일러 홈즈의 일부 세대가 잔디와 관목, 나무가 심어진 '녹지' 안뜰을 바라보고 있음을 깨달았다. 나머지 세대는 회색 콘크리트 마당을 바라보고 있었다. 이를 제외하고는 모든 아파트가 동일했다. 비슷한 디자인에 비슷한 배경과 사회경제적 지위를 가진 사람들이 거주하고 있었다. 나무가 내다보인다는 단순한 사실이 차이를 만들어 낼 수 있을까?

이 차이를 기회로 받아들인 쿠오는 녹지 안뜰을 내다보는 집, 평범한 회색 안뜰을 내다보는 집을 가리지 않고 집집마다 문을 두드리며 건물에 주택에 거주하는 여성들에게 말을 걸었다. 대화를 통해 여성들의 정신 건강 상태에 대한 정보를 수집한 쿠오는 연구실에서 놀라운 사실을 발견했다. 불운한 회색 마당 주민보다 녹지 마당 주민이 스트레스가 적고 집중력이 높았으며 삶의 어려움에 더 잘 대처할 수 있었다는 사실이다. 또한 이들은 개인적인 문제를 비교적 덜 심각하고 덜 오래 지속된다고 여겼으며, 따라서 미래의 어느 시점에 해결될 가능성을 더 높게 보았다.

쿠오는 가난한 도심 지역의 경우 "나무 몇 그루를 심는 단순한 행위가 개인과 가족에게 '수많은 문제에 맞서 싸우는 데' 필요한 심리적 자원을 제공하는 데 도움이 될 수 있다"고 결론짓는다.

어떻게 이럴 수 있을까?

인간은 자연 속에서 진화했다. 우리는 자연 속에서 행복하다. 자연 속에서 20초만 머물러도 심박수가 떨어진다. 5분이면 혈압마저 내려간다. 놀랍게도, 병실 창에서 보이는 나무는 환자의 수술 회복을 촉진한다. 그 효과가 얼마나 대단한지, 나무를 볼 수 있는 환자는 돌담만 보는 환자보다 평균적으로 하루 더 빨리 퇴원한다고 한다. 게다가 진통제 복용량을 측정한 결과 통증을 덜 경험하는 것으로 나타났으며, 간호사들로부터 정서적으로 더 회복력이 높다는 평가를 받았다.

워릭대학교의 연구자들이 수행한 최근 연구는 이미 잘 알려진 자연의 힘에 새로운 시각을 추가했다. 연구진은 실제로 어떤 환경이 사람의 기분을 좋게 만드는지 정확히 알아보고자 했다.

연구진은 영국 내 21만 2천 개 장소 이미지에 대한 '경치미scenicness' 평가 150만 개 이상을 분석했다. 그리고는 이런 평가를 해당 장소의 실제 주민이 스스로 얼마나 행복하고 건강하다고 느끼는지 응답한 내용과 비교했다. 연구진의 예상대로 사람들은 경치가 더 아름다운 환경에서 더 행복하고 건강하다고 답했다. 하지만 여기서 반전이 있었으니, 경치가 반드시 '자연'을 의미하는 것은 아니라는 사실이다. 경치가 좋은 도시에서도 행복과 건강이 증가했다.

연구가 중 한 명인 차누키 세레신헤Chanuki Sereshinhe 박사는 '자연은 아름답다'는 오래된 격언이 불완전한 것 같다며 해안선·산·운하 같은 자연의 특징은 장면의 아름다움을 향상시킬 수 있지만, 평평하고 흥미롭지 않은 녹지 공간은 아름답다고 여겨지지 않는다고 말한다. 재밌게도, 개성 있는 건물과 멋진 건축

옥스포드 - 건물이 경치의 아름다움에 기여한다

적 특징이 장면의 아름다움을 향상시킬 수 있다.

세레신헤와 같은 연구자들은 이제 인간이 번성하는 데 필요한 것이 단순한 녹지라는 주장에서 벗어나고 있다.

인간에게 실제로 필요한 것은 경치미다.

모호하고 무쓸모한 말처럼 들릴 수 있다. 그러나 추가 연구로 도시의 경치를 더욱 아름답게 만드는 요소가 밝혀졌다. 런던·맨체스터·버밍엄·밀턴 케인즈·캔터베리·캠브리지의 1만 9천 개의 거리와 광장에 대한 사람들의 견해를 조사한 결과 대부분의 사람들이 다음과 같은 장소를 좋아하는 것으로 나타났다.

'위원회가 설계한' 것처럼 보이지 않는 곳.

'이곳이 아니라면 있을 수 없는' 강력한 장소성을 갖춘 곳.

'생기'와 다채로운 패턴을 보여주는 '역동적인' 건물 정면이 있는 곳.

그러니까, 한마디로… 따분하지 않은 곳이다.

건물이 있을 때 경치가 더 아름다운가

카날레토, 〈이튼 칼리지〉, 1754

존 컨스터블, 〈목초지에서 바라본 솔즈베리 성당〉, 1831

없을 때 더 아름다운가?

(건물이 없었다면 굳이 이 장면을 그리려는 사람이 있었을까?)

따분한 장소는 분단과 전쟁에 일조한다

마르와 알-사부니Marwa al-Sabouni는 시리아 홈스 출신의 건축가다. 그녀는 지난 100년 동안 자신의 도시에 지어진 장소들이 어떻게 내전의 발발에 일조했는지 조사했다.

홈스의 구도심은 본래 현관·계단·구불구불한 골목길과 과일나무 그늘 아래 많은 식수대와 벤치가 있는 곳이었다. 건물과 거리의 디자인은 사람들이 천천히 움직이고, 잠시 멈추어 서로 이야기를 나누도록 장려했다.

알-사부니는 "길거리에서 이루어지는 잠깐의 우연한 만남이 한 사람과 다른 사람 사이의 가장 빠른 '정보 전달' 계기가 될 수 있다"고 말한다. "사람들은 눈 깜짝할 사이에 뉴스, 가족사 및 기타 소식을 주고 받은 다음 태연하게 각자의 길을 가곤 했다." 홈스는 기독교인과 무슬림이 '함께 살고, 일하고, 예배 드리는' 도시였다. 교회와 모스크가 나란히 지어졌고, 종소리가 기도 시간을 알리는 소리와 함께 울려 퍼졌다. 두 종교의 신자는 "집 벽, 상점, 골목, 심지어 교회와 모스크까지 모든 것을 공유했다."

그러다 새로운 양식의 건물과 거리가 들어서 새로운 유형의 동네를 형성했다. "비인간적인 건축… 무자비한, 미완의 콘크리트 블록, 방치, 미적 황폐화, 계급 · 교리 · 부의 정도에 따라 공동체를 구획하는 분열적 도시 계획."

이렇게 새로 조성된 동네는 사람들을 "수니파 · 알라위파 · 시아파 · 다양한 종파의 기독교인으로, 그리고 마을 주민과 유목민으로" 분리했다. 이렇게 분리된 집단은 따분하고 진지하고 익명적인 건물에서 "공유된 정체성이나 장소에 대한 애착 없이 사회적 침체와 내향성만이 강화되는" 삶을 살았다.

다양한 집단이 독특한 공간과 개성 있는 건물을 공유하며 서로 친숙하고 편안하게 지냈던 구도시 홈스와는 달리, 이 삭막한 신도시는 부족과 부족을 분리하고 종교와 종교를 분리하면서 고립된 사고를 조장했다. 시민들은 예전처럼 모두가 홈즈시에 소속된 것처럼 느끼는 대신, 이제 자신이 속한 집단에만 소속감을 느꼈다. "도시의 공통된 경험은 사라졌고, 소속감은 내향적인 집단의 경계에서 끝나버렸다."

결국 "도시의 분단은 종파 간 갈등으로 이어졌다." 아마도 불가피한 수순이었을 것이다.

물론 홈스가 납작해지고 수천 수만의 사람들이 살해당한 이유가 새로운 구획으로 분리되고 새로운 건축에 의해 소외되어서만은 아닐 테다. 하지만 알-사부니는 지역의 '현대화'가 분쟁을 일으킨 여러 원인 중 하나라고 확신한다. 그리고 이런 종류의 갈등이 서구에서는 일어날 수 없는 일이라고 생각하지 않았으면 좋겠다고 첨언한다. "영국의 도시나 파리 또는 브뤼셀 주변의 다민족 거주 지역을 포함하여 세계 여러 지역의 다인종적 도시 계획에 관해 읽자면 시리아에서 비참하게 목격했던 불안정성이 시작되고 있음을 느낀다"고 알-사부니는 말한다.

따분함: 족히 100년 넘는 시간 동안 사람들의 삶을 망쳐 옴. 그리고 수십만의 목숨을 앗아가는 데 이바지했다고 사료됨.

사람들은 따분한 장소를 좋아하지 않는다

2천 명 넘는 미국인에게 한 쌍의 공공 건물 이미지(한 장은 전통적인 건물의 모습, 다른 한 장은 현대적인 건물의 모습)를 평가하도록 요청하자 사람들은 일관되게 현대적인 이미지를 거부하는 경향을 보였다. 어떤 계층의 사람들에게 물어보든 마찬가지였다. 연령·인종·성별·사회경제적 배경에 관계없이 전통적인 모습의 건물의 선호도가 3배 가량 우세했던 것이다.

내가 사는 곳에서도 결과는 같았다. 영국 대중의 건축 취향에 관한 일련의 설문조사를 분석한 결과, "인구의 15~20% 정도가 주류 현대 건축에 대한 감상을 어느 정도 공유한다"라는 결론이 나왔다. 주류 현대 건축에 대한 혐오감은 영국인을 하나로 묶어주는 몇 안 되는 요소 중 하나로 밝혀졌다. 2021년, 폴리시 익스체인지Policy Exchange라는 이름의 싱크탱크는 델타폴Deltapoll과 함께 설문조사를 실시하여 대중에게 "외관·양식·디자인·아름다움"에 따라 지방 정부 건물 이미지 10개의 순위를 매겨달라고 요청했다. 결과적으로 현대 양식의 건물이 해당 순위에서 최하위를 차지했는데, 이는 "다른 인구 집단의 경우에도 근본적으로 크게 다르지 않다." 가장 선호도가 높았던 네오-조지안 양식의 브리스톨 시청은 "연령대·성별·지역·경제 집단·투표 의향에 무관하게" 1위를 차지했다. 지금까지의 결과로 미루어 사람들이 단순히 오래되어 보이는 건물을 선호한다고 못박고 싶을 수도 있겠다. 하지만 이는 사실이 아니다.

영국에서 가장 사랑받는 건물 10선

2015년 설문조사에 따르면 영국에서 가장 사랑받는 건물 중 두 곳이 지난 100년 사이에 지어진 것으로 나타났다. 대부분의 현대식 건물과 달리 두 건물은 따분하지 않다.

에든버러성

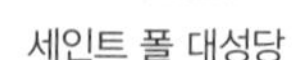

세인트 폴 대성당

웨스트민스터 사원

윈저성

블랙풀 타워

세계에서 가장 사랑받는 건물 10선

전 세계를 대상으로 한 연구 결과 역시 마찬가지다. 구글 인기 검색어를 바탕으로 선정한 세계 10대 건물 중에는 지난 100년 사이 지어진 건물이 7개나 포함된다. 사람들이 싫어하는 것은 신축 건물이 아니다. 따분한 건물이다.

환경

비상사태

따분한 건물은 기후 변화에 힘을 보탠다

하지만 흥미로운 건물도 다르지 않다.

시중에 판매되는 콘크리트와 강철은 환경에 끔찍한 영향을 미친다. 어떤 종류의 구조물에 쓰이든 마찬가지다.

연간 전 세계 탄소 배출량의 11%가 건설 및 건축 자재에서 발생한다. 전체 항공 산업 탄소 배출량의 5배에 달하는 양이다.

빅맥 하나를 만드는 데
4kg의 탄소가 필요하다.

아이폰 하나를 제작, 배송 및 작동하는 데
70kg의 탄소가 필요하다.

자동차 한 대를 1년 동안 운행하는 데
4.6톤의 탄소가 필요하다.

평균적으로 한 명의 미국인이 1년 동안 활동하는 데
16톤의 탄소가 필요하다.

유인 로켓을 우주로 보내는 데 250톤의
탄소가 필요하다.

런던의 (따분하지 않은) '치즈 강판'인 리덴홀
빌딩Leadenhall Building을 짓는 데 92,210톤의 탄소가 필요하다
(참고로 빅맥 2,300만 개를 만들 수 있는 양이다).

따라서 건물 하나를 올리는 데 필요한 탄소 비용을 지출한 후에는 가능한 한 오랫동안 그 건물이 유용하게 유지되도록 하는 것이 중요하다. 수십 년 만에 건물을 허물고 새로운 건물을 짓는 행위야말로 최악이다.

따분한 건물이 흥미로운 건물보다 환경에 훨씬 더 나쁜 이유가 바로 여기에 있다. 이미 보았다시피, 인기가 없기 때문이다. 지난 100년 동안 전 세계에서 재앙 수준으로 어마어마한 수의 따분한 건물이 철거되고 대체되었다. 그리고 대체된 건물 중 태반은 더 새로울지언정 덜 따분하지는 않았다.

따분한 건물은 이미 부서지고 있는 탓에 철거가 필요할 가능성도 더 높다. 2013년 게티 보존 연구소Getty Conservation Institute가 발표한 보고서에 따르면 20세기 전 세계를 점령한 따분한 건축 양식은 "보수 주기가 짧고 노후화 비율이 높았다"고 한다. "현대식 건물은 무수히 많은 물리적 문제를 가지고 있으며, 그중 상당수는 외벽의 특성에 기인한다." 이런 건물 중 상당수는 "불과 20년, 30년 만에 노후화 징후"를 보이기 시작한다. 20세기 건물은 대부분 오래되어도 보기 좋도록 설계되지 않았다.

실제 규모에 맞추려면 막대를
10미터는 더 늘려야 한다.

탄소

반짝반짝 빛나는 건물은 대개 전시장에 진열된 반짝반짝 빛나는 자동차처럼 관리되지 않는 것이 현실이다. 방치되어 간헐적으로 관리될 뿐이다. 때 타도 멋져 보일 수 있도록, 애정의 손길이 모자라도 무리 없이 기능할 수 있도록 특별한 소재와 복잡한 디자인으로 만들어지지 않는 한, 건물은 항상 초라해 보일 것이다.

아키텍츠 저널Architects' Journal의 편집자는 철거를 "건축의 더러운 비밀"이라고 불렀다. 미국에서는 12개월마다 약 10억 평방피트에 달하는 건물이 철거되고 또 새로 지어진다. 이는 매년 워싱턴 DC의 절반이 허물어지고 재건되는 것과 같다. 영국에서는 매년 5만 채의 건물이 철거되어 1억 2,600만 톤의 폐기물이 발생하며, 상업용 건물의 평균 수명은 약 40년이다. 놀랍게도 영국 전체에서 발생하는 폐기물의 거의 3분의 2가 건설업에서 발생한다.

중국에서는 2021년 건설업에서 32억 톤의 폐기물이 발생했으며, 이 중 대부분이 철거로 인한 폐기물이었다. 2026년에는 이 수치가 40억 톤을 넘을 것으로 예상된다.

건물을 짓는 것은 환경에 나쁘고, 건물을 지었다 허물고 그 자리에 새 건물을 짓는 것은 환경에 훨씬 더 나쁘다.

따분한 건물은 지속 가능하지 않다.

따분함은 사회 정의의 비상 사태다

가장 취약한 사람이 가장 따분한 건물에 살고 있다.
따분함의 부재가 사치품이 되어야 할 이유가 무엇일까?

런던 그렌펠 타워 사회주택의 불타버린 골조, 2017

이제 우리는 안다

따분한 장소는 우리에게 스트레스를 준다.

따분한 장소는 우리를 병들게 한다.

따분한 장소는 우리를 외롭게 한다.

따분한 장소는 우리를 겁먹게 한다.

따분한 장소는 분리와 갈등에 일조한다.

따분한 장소는 지속 가능하지 않다.

따분한 장소는 인기가 없다.

따분한 장소는 공정하지 않다.

일부 업계 전문가들은 자신들의 작업이 선구적이라고 서로에게 말하기를 좋아한다. 스스로에게 상을 준다. 자신의 건물이 '시적'이고 '시대를 초월'하며 '혁신적'이고 '웅변적'이며 '진실성', '비전', '정직성', '전문성', '명료성', '경쾌함'을 담고 있으며 '공간 예술에 대한 깊은 헌신'과 '장소와 그 이야기에 대한 불굴의 헌신'을 보여주고 '인류에 중요한 공헌'을 하고 있다고 말한다.

사실 대부분의 사람들은 따분한 건물을 좋아하지 않는다고 지적하면 그들은 이러한 우려를 무지하고, 어리석고, 시대에 뒤떨어진 것이라며 퇴짜 놓는다. 그들과 그들의 지지자는 비판자를 '단순한 무지 또는 시각적 맹목'이라 비난하며 반동적이고 보수적이며 반진보적이라 비난하고, 때로는 극우와 연관시켜 명예를 훼손하는 데까지 나아간다.

일부 건축가는 스스로를 예술가로 여긴다. 문제는 나머지 우리가 이 '예술'과 함께 살아갈 수밖에 없다는 것이다. 따분한 영화, 따분한 소설, 따분한 그림을 피하듯 피할 수가 없다. 그들의 '예술'은 우리 모두가 생활하고, 일하고, 쇼핑하고, 치유하고, 가르치는 장소가 된다. 그들의 '예술'은 우리가 매일 걷는 따분한 거리, 즉 우리에게 스트레스와 불행과 외로움을 주고 우리 삶을 피폐하게 만들고 공동체를 약화시키며 지구를 오염시키는 거리가 된다.

이 글을 읽고 있는 지금도 스튜디오에서는 전문가들이 평평하고, 밋밋하고, 반짝이고, 익명적이고, 진지한 직사각형과 사각형을 그리면서 자기가 우아하고, 정직하고, 비전 있고, 멋지다고 선언하고 있다.

콘크리트가 타설되고 있다.

크레인이 거대한 평면 유리창을 자리로 들어올리고 있다.

전 세계 마을과 도시에서 따분한 건물이 올라가고 있다.

현재 지구 인구 절반이 도시에 살고 있다. 2050년에는 그 수가 70% 이상으로 늘어날 것이라 예상된다.

따분한 세상이 지어지고 있다. 우리가 원하든 원치 않든.

(아직도 화가 나지 않는다면,
첫 장으로 돌아가라.)

2부

따분함이라는
컬트는
어떻게 세계를
지배하게
되었나

건축가란 무엇인가 ?

로마의 판테온은 내가 만난 중 손에 꼽게 흥미로운 건물이다. 2천 년 전에 지어진 이 건물은 지구상에서 가장 큰 비非보강 철근 콘크리트 돔이다. 건축가의 야망이 얼마나 대단했던지 판테온은 긴 시간이 흐른 지금도 여전히 사랑받을 뿐만 아니라, 지붕의 경우 여전히 세계 신기록을 보유하고 있다. 하지만 판테온의 놀라움은 지붕에 국한되지 않는다. 7.5미터 높이의 거대한 청동으로 된 정문이 경이로운 정밀함으로 여전히 문틀 안에서 완벽하게 열리고 닫히는 모습에 어안이 벙벙했던 기억이 난다. 오늘날에는 얼마를 준대도 그 정도 오차율의 문은 주문 못 하지 싶다. 현대의 제조업체는 이런 문을 만들 수 없다.

링컨 대성당

중세 성당을 돌아다니다 보면 이따금 비슷한 생각이 든다. 그 정도로 복잡한 건물을 어떻게 만들었을지 지금의 우리로서는 가늠도 어렵다. 현대의 건물 제작자는 어쩌면 그렇게 패기도 없고 상상력도 모자라게 되었을까?

웨스트민스터 사원

신재료와 기계, 컴퓨터 기술을 등에 업고도 여전히 우리가 과거의 건축가들보다 더 똑똑하다고 믿는 것일까? 무슨 염치로? 현대적 오만함이 패배감을 감추고 있는 것은 아닌지 의심하게 된다. 더 이상 잘하지 못할까 봐 은근히 두려워하고 있는 것은 아닐까?

신전과 성당뿐만이 아니다. 20세기 이전에는 평범하고 소박한 건물에도 지금은 잃어버린 일정 수준의 흥미가 있었다.

여기 이라크의 무디프Mudiff 회당이 있다. 이 건물의 디자인 5천 년 전으로 거슬러 올라간다.

다음은 3천 년 전 디자인을 기반으로 한 19세기 튀르키예의 '벌집 주택beehive houses'이다.

19세기 뉴질랜드의 마오리족 회당이다.

17세기 영국 말즈버리의 빈민 구호소이다. 출입구는 12세기에 만들어졌다.

이 건물 중 일부는 개인의 미적 기준에 맞을 수도 있고,
아닐 수도 있다.

어떤 건물은 너무 과시적이고, 어떤 건물은 너무 원시적이며, 또 어떤 건물은 심하게 못생겼다고 생각할 수 있다. 나도 동의한다.

하지만 그 어느 것도 따분하지는 않다고 주장하고 싶다. 과거 평범한 사람이 수수한 규모로 지은 건물이라 할지라도 디테일과 패턴, 입체감이 있었다.

장식과 장소성이 있었다. 건설자와 거주자의 문화가 건물에 고스란히 담겨 있었다. 수천 년간 전 세계에서 인간이 지은 대부분의 건물은 흥미로웠다.

M. VITRUVII POLLIONIS
DE
ARCHITECTURA
LIBRI DECEM.
AMSTELODAMI,
Apud Ludovicum Elzevirium.
ANNO cIↃ IↃC XLIX.

판테온이 지어질 무렵 로마의 마스터 빌더, 즉 수석 건설자이자 엔지니어이던 비트루비우스Vitruvius는 건물 짓기라는 주제를 최초로 다루었다 여겨지는 책을 저술했다. 비트루비우스가 저서 〈건축론de Architectura〉 (맞은 쪽)에서 기술하기를, 건물은 '피르미타스firmitas', '우틸리타스utilitas', '베누스타스venustas'를 고루 겸해야 한다.

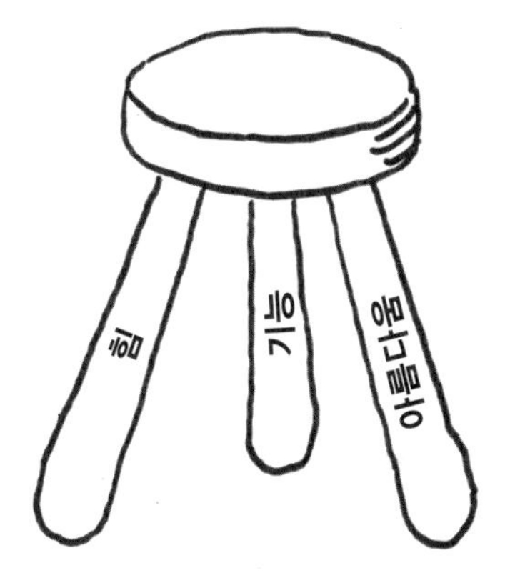

피르미타스는 '힘'을 뜻한다. 건물은 무너지지 않아야 한다.

우틸리타스는 '기능'을 뜻한다. 건물은 지어진 목적에 맞춰 유용하게 쓰일 수 있어야 한다.

베누스타스는 아름다움의 화신으로 여겨지던 로마의 여신 비너스를 가르킨다. 비트루비우스는 건물의 마지막 필수 특성이 사람들에게 기쁨을 주는 것이라고 말한다.

세 단어는 의자를 지탱하는 데 꼭 필요한 세 다리라고 할 수 있다.

좋은 모양새로 긍정적인 감정을 불러일으키도록 설계된 건물은 (보통, 어쩌면 항상) 흥미로웠다.

깊이 · 장식 · 패턴 · 디테일에 더불어
많은 경우 곡선을 가지고 있었다.
또한 독특한 장소성을 드러내는 경향이 있었다.

사람들 태반이 글을 모르던 시절에는 조각 · 모자이크 · 스테인드글라스 창 등의 형태로
건물에 종교적인 이야기를 담아내었다.

우리는 공동체를 하나로 묶는 신화 · 가치 · 미적 양식을 전달하는 방법으로서
흥미를 사용했다.

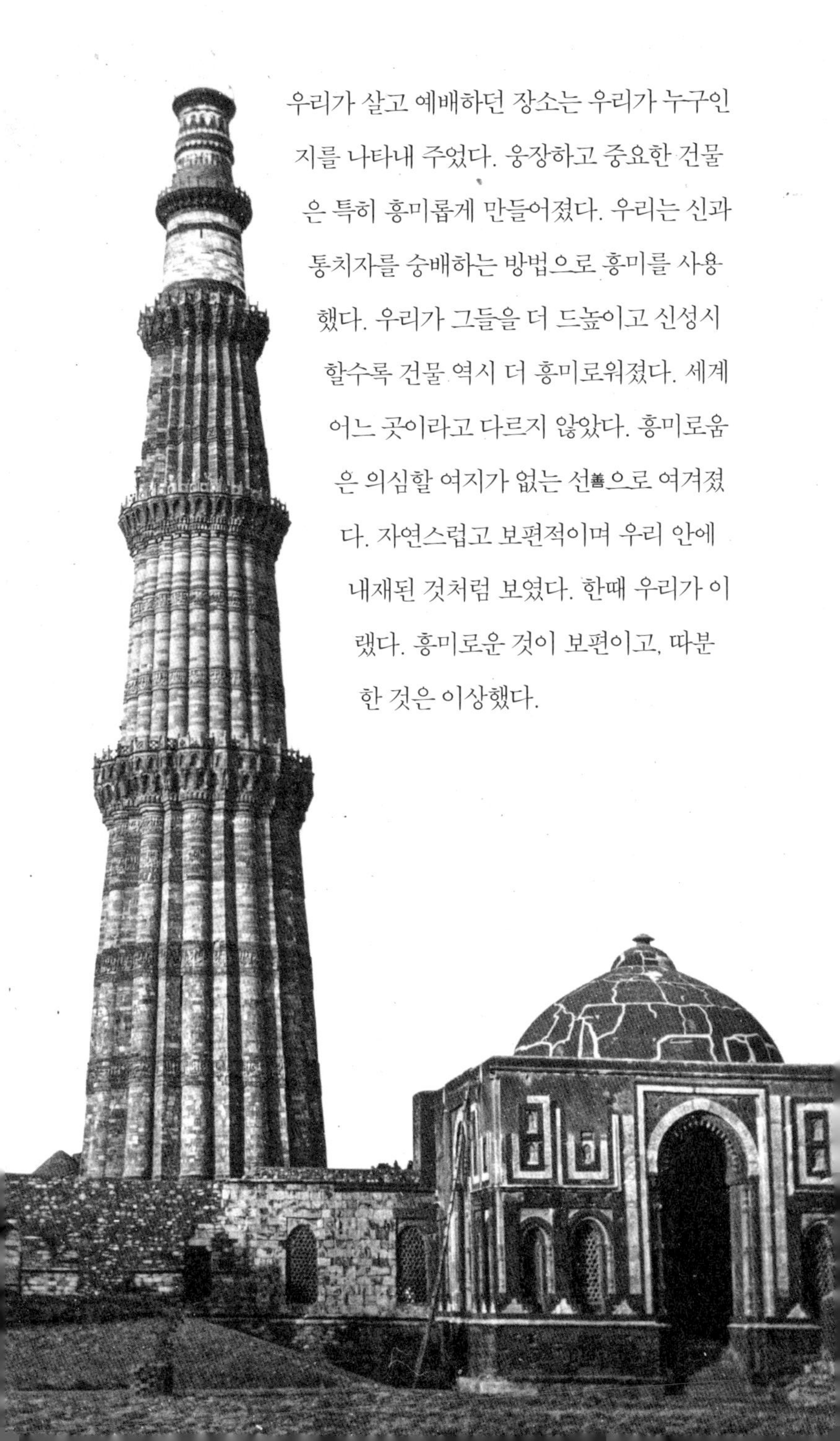

우리가 살고 예배하던 장소는 우리가 누구인지를 나타내 주었다. 웅장하고 중요한 건물은 특히 흉미롭게 만들어졌다. 우리는 신과 통치자를 숭배하는 방법으로 흉미를 사용했다. 우리가 그들을 더 드높이고 신성시할수록 건물 역시 더 흉미로워졌다. 세계 어느 곳이라고 다르지 않았다. 흉미로움은 의심할 여지가 없는 선善으로 여겨졌다. 자연스럽고 보편적이며 우리 안에 내재된 것처럼 보였다. 한때 우리가 이랬다. 흉미로운 것이 보편이고, 따분한 것은 이상했다.

지금 페이지와 앞 페이지의 건물들을 보면 흥미로움이 우리 종족에게 자연스럽게 오는 무언가라는 느낌이 강력하게 든다. 태초부터 우리가 만든 건물은 인간적으로 보였고 인간적으로 느껴졌다.

하지만 20세기에 들어서면서 상황이 바뀌었다.

세계 역사상 전례가 없던 새로운 건축 방식이 등장했다.

유럽 · 미국 · 남미 · 아시아 · 아프리카 · 호주 · 소련 등 지구 곳곳에 따분한 건물이 세워지기 시작했다.

그렇게 별안간, 믿기지 않는 속도로 따분함이 세계를 장악했다.

건축가

이상하고 해로운 따분함이 건축 세계를 어떻게 식민지화했는지 이야기하기 전에 짚고 넘어가야 할 중요한 질문이 있다.

그래서 건축가란 무엇일까? 바보 같은 질문처럼 보일지도 모르겠다. 건축가란 무엇일까? 건축은 무엇일까? 뻔하지 않나?

젊을 적에는 건축가란 건물을 설계하고 만드는 사람이라고 믿었다.

하지만 이 정의는 틀렸다.

건축가란 무엇이고 무엇이 아닌가에 관한 이야기는 사실 수백 년 전으로 거슬러 올라가는 길고 놀라운 역사를 가지고 있다. 16세기까지 영국의 건축 프로젝트는 건축가가 아닌 '마스터

빌더'로 알려진 장인들이 설계하고 관리했다. 마스터 빌더는 건물의 외관에 대한 세부적인 결정을 다수 동료 장인에게 맡겼다. 복수의 개인들, 재능 있고 창의적인 이 제작자들에게 주어진 임무는 자신이 맡은 건설 프로젝트의 이 일부분이 힘 있고 기능적이며 아름다울 수 있도록 하는 것이었다.

16세기 후반, 르네상스 유럽에서 유래한 복잡하고 새로운 양식이 유행을 타기 시작하면서 변화가 일어났다. 마스터 빌더를 비롯하여 함께 일하던 장인, 즉 제작자는 새로운 디자인과 그 시공에 요구되는 특수한 기법에 익숙하지 않았다. 제작자는 자신이 지은 건물 외관에 대한 영향력을 잃기 시작했다.

이때부터 시작된 건설업 내부의 위험한 분열은 여전히 현재 진행형이다. 그렇게 새로운 종류의 인물, 원대하고 새로운 르네상스 사상을 이해하는 개인이 등장한다.

건축가.

건축가는 제작자가 아니었다. 건축가의 직무는 건물 설계도 작성과 제작자에 의한 시공 감독, 그러니까 제작자는 이제 건축자의 지시를 따르는 역할로 격하된 것이다.

처음에는 건축가도 제작자와 마찬가지로 장인 기술 훈련을 받아야 했다. 하지만 이런 요구 사항은 점차 사라지기 시작했다. 1550년 이탈리아의 화가 겸 건축가 조르지오 바사리Giorgio Vassari가 쓴 글에서 옛 사람들의 생각을 엿볼 수 있다.

"최고의 판단력과 훌륭한 디자인을 갖춘 사람, 회화·조각·목각에 관한 경험을 두루 섭렵한 사람의 손에서만 건축은 완벽에 도달할 수 있다."

16세기 말에 이르자 이런 시각은 구식이 되었다.

1600년대 전반 런던에서 코벤트 가든의 배치안, 화이트홀 연회장, 그리니치 퀸스 하우스 등을 작업한 유명한 영국 건축가 이니고 존스Inigo Jones는 배경을 생각하면 장인은 아니었다. 차라리 제도사draughtsman이자 의상 디자이너였다.

19세기 초, 건축가는 제작자로부터 완전히 분리되었다. 미국의 독학 건축가이자 향후 대통령 자리에 오르는 토머스 제퍼슨Thomas Jefferson이 르네상스 거장들, 그중에서도 특히 자신의 우상이던 안드레아 팔라디오Andrea Palladio가 쓴 책으로 건축을 공부하고, 뒤이어 자신의 저택인 몬티첼로Monticello와 같은 주요 건물을 설계하던 때였다. 이 시기 건축가는 복잡한 도면을 독점하고 시공자에게 지시를 전달하는 존재였지, 장인 출신이 아니었다. 1834년 설립된 영국 왕립 건축가 협회Royal Institute of British Architects는 공식적으로 건축가와 제작자를 별개의 존재라 정의했다. 1890년에는 영국의 모든 건축가가 이 협회에 등록하는 것이 의무화되었다. 이로써 영국 건축가 협회의 승인 없이 스스로를 건축가라고 칭하는 행위는 불법이 되었다.

그렇게 위험한 분열이 완성되고 공식화되었다. 미래 재앙의 씨앗이 뿌려진 것이다. 건축가는 더 이상 건물을 짓는 사람이 아니었다. 영국 군주제에 의해 승격되고 영국 군주제가 승인하는 화이트칼라 지식인이 되었지만, 창조적인 제작 과정과는 단절되었다. 한편 실제로 모든 것을 만들어 내던 장인과 공예가는 강등되었고, 건물을 실현하는 데 있어 창의적인 목소리를 낼 권리가 없는 블루칼라 노동자로 인식되었다.

브라이튼 서점에서 우연히 가우디를 만난 이듬해에 나는 건축가와 건축물 제작 과정 사이에 얼마나 큰 간극이 존재하는지 알게 되었다.

나는 운이 좋게도 제작자 주변에서 자랐다. 보석을 디자인하고 제작하시던 어머니는 나를 여러 공예 박람회와 워크숍에 데려가시곤 했다. 용접·단조·주조·유리 불기·매듭 짓기·직조·조각 등 사람들이 다양한 재료와 함께 작업하는 모습을 넋 놓고 바라보았더랬다. 할아버지는 작가이자 음악 교사였다. 할아버지의 아내, 할머니는 1930년대 초 베를린의 바우하우스 격인 곳에서 공부한 섬유 디자이너였다. 할머니는 꼭 노년의 발레리나처럼 입으셨고, 런던 트렐릭 타워를 설계한 에르노 골드핑거Erno Goldfinger라는 건축가 밑에서 일했었다.

할머니는 나에게 엄청난 영향을 주었다. 현대적이면서도 지치지 않고 탁월함을 추구하

셨던 할머니는 사람들이 두려움에 기피하는 듯 보였던 아름다움이라는 단어에 관해 자주 말씀하셨다. 할머니와 함께 보낸 많은 시간이 영감이 되었다.

어릴 적 특별하고 아름다운 것을 만드는 발명가이자 건축가가 되기를 꿈꿨다. 무언가를 만들고 고치는 일이 나에게는 당연했다. 열한 살 무렵, 내가 되고자 하는 사람이 '디자이너'라고 불린다는 사실을 알게 되었다. 아버지와 런던 웨스트엔드에 갔던 날의 일이다. 피카딜리 서커스에서 길을 따라 몇 분 내려가는데 '디자인 센터The Design Center'라는 밝은 간판과 함께 활짝 열린 문이 보였다. 그 안에는 전자 뜨개질 기계, 전기 대신 유압을 사용하는 로봇 팔, 화려한 제품과 가구가 있었고 그 중심에는 '밀턴 케인즈'라고 불리는 놀라운 도시의 거대 모형이 스포트라이트를 받고 있었다. 마치 머릿속에서 어떤 귀소 본능 같은 것이 켜진 듯했다. 별안간 나에게 목적의식과 방향성이 생겼다.

학교를 졸업하고 런던의 킹스웨이 프리스턴 칼리지에서 일반 예술 및 디자인 분야의 비텍 학위를 취득했다. 뒤이어 맨체스터 폴리테크닉의 3차원 디자인 학위 과정을 밟았는데, 이때 다양한 종류의 물체를 디자인하고 만들면서 도구·재료·장비로 실험이란 실험은 다 해봤다. 2학년 때는 에든버러에서 열린 특별한 건축 겨울 학교에 초대받아 세계적인 건축가들이 자신의 작품에 대해 연설하는 것을 들었다. 나는 쉬는 시간마다 건축 전공생 사이에 섞여 말을 붙이곤 했다.

"콘크리트 배합해 본 적 있어?"
"목공 해봤어?"
"벽돌 쌓아 본 적 있어?"
"용접은 해봤어?"

또는

"여름 방학 때 건설 현장 일 해봤어?"

매번 같은 답이 돌아왔다. "아니." 학생들은 내 질문에, 나는 그들의 대답에 당황했다. 기묘한 일이었다. 모두가 실제로 무언가를 만드는 데에는 일말의 관심도 없어 보였다. 나는 칼리지 수업을 통해 건물의 주요 재료인 목재·금속·세라믹·유리·플라스틱을 다뤄보았다. 재료를 실제로 실험하고 가지고 노는 과정이 그저 하찮은 과업이 아니라 실제 발상으로 이어진다는 것을 배웠다. 절곡기 앞에 서서 금속을 접는

다는 게 뭔지 배웠다. 사출 성형과 레이저 커팅도 했다. 목각도 해 보고, 젖은 점토를 주물러 모양을 만든 다음 마르는 것을 지켜보았다. 끌로 플라스틱을 깎고 손에 든 끌까지 손수 갈아 본 적도 있다. 유리를 불어서 만져 보고 싶었지만 그러면 안 된다는 것도 알게 되었다. 차가워 보여도 피부가 타버릴 것이기에.

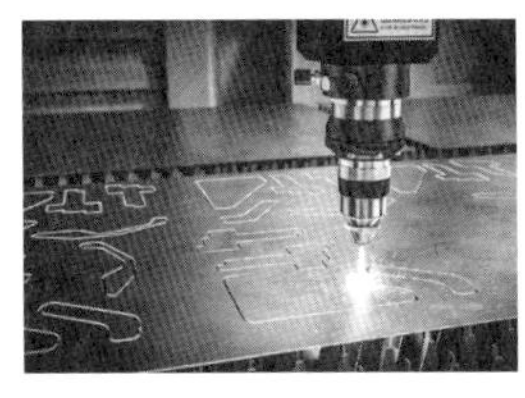

나는 최고의 용접공, 최고의 조각가, 최고의 목수, 최고의 유리 공예가는 결코 아니었지만 그래도 전부 배웠다. 재료를 가지고 놀 때면 재료는 선생님이 되어 나에게 할 수 있는 것과 할 수 없는 것을 모두 보여주었다.

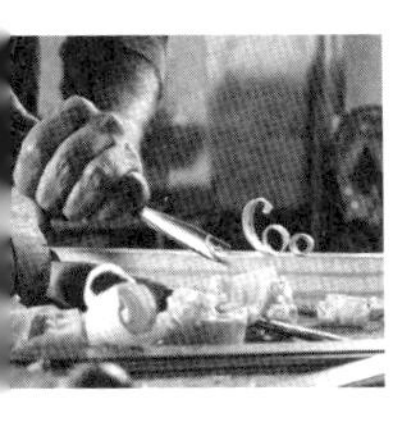

무언가를 만드는 일은 짜증스럽기도, 고무적이기도 했지만 나의 상상력을 자극하는 데는 이만한 게 없었다. 작은 은반지부터 거대한 교량까지, 사물로 이루어진 주변 세계를 볼 때면 제작자의 심정이 되었다. 프로젝트를 진행할 때 내 머릿속에는 디자인의 원리에 대한 이론과 철학이 있는 한편, 여러 재료와 과정이 서로 어떤 영향을 미치고 어떻게 더 나은 것을 만들어 내는지에 대한 직감도 있었다. 발상은 스케치북 위 드로잉에서만 오지 않았다. 제작은 내게 무엇이 가능한지 가르쳐 주었고, 그 한계를 뛰어넘도록 용기를 불어넣었다.

하지만 에든버러에서 만난 저명한 건축가들과 그들의 학생은 제작에 전혀 흥미를 보이지 않았다. 그들이 가진 창의적인 발상이라는 것은 어째서인지 재료의 무궁무진한 가능성과 무관한 듯 보였고, 도리어 지적인 측면이 강했다. 보통 사람들은 절대 사용할 일 없는 전문 용어와, 나의 소년적 감각이 강조점을 엉뚱한 데 두고 있다고 일러주던 이론들. 또한 모두가 동경하며 경청하던 유명 건축가들이 실제적으로는 아무것도 짓지 않았다는 이상한 깨달음에도 이르렀다. 이 사실이 특히 터무니없었다. 실제로 그 무엇도 짓지 않았는데 어떻게 이름난 건축가라는 걸까?

세상에서 가장 큰 물체를 만드는 책임을 지고 있으면서 제작과 재료에 관심이 없다는 게 말이나 되나?

하지만 내가 잘못 생각했는지도 모른다. 내 경험이 실제 상황을 제대로 반영하지 못했을 수도 있고.

1년간 더 공부하며 건물 디자인에 점점 더 관심을 갖게 된 끝에, 나는 의무적으로 제출해야 했던 12,000단어 분량의 논문을 통해 건물 디자이너가 제작에 정확히 어떻게 관여하고 있는지를 조사하기로 결심했다. 1991년 여름 '구축의 영감: 건축 분야의 실무 제작 경험 사례'를 쓰기 위해 전국을 돌아다니며 건설업자 · 목수 · 교사 · 14명의 건축가를 만나 이야기를 나눴다. 만나는 사람들에게 감사의 선물로 건네고자 준비한 수박으로 내 아담하고 검붉은 시트로엥 2CV 찰스턴 자동차가 가득 찼다.

그러나 겨울 학교에서의 경험이 결코 예외가 아니었다는 것을 알게 되었다. "꼭 나무를 직접 톱질하지 않아도 내가 매끄러운 문을 선호한다는 것쯤은 알 수 있다"던 건축 협회 소속 강사의 말이 일반적인 태도를 잘 요약한다.

그랬다. 16세기부터 벌어지기 시작한 제작자와 건축가 사이의 격차는 그 어느 때보다 커져 있었다.

나는 건축가가 건물을 설계하고 만드는 사람이라고 생각했다.

하지만 건축가는 제작자가 아니라는 사실을 알게 되었다. 그럼 디자이너인 건가?

하지만 그것 역시 아주 맞는 말은 아니다. 건축가마저 스스로를 매번 디자이너라고 생각하지는 않는다.

청소년 시절 디자인에 관심을 가지게 되면서 처음으로 이런 낌새를 느꼈다. 부모님은 각종 전시회와 쇼에 나를 데려가곤 했고, 한창 자동차 디자인에 관심이 많을 적에는 아버지가 얼스 코트에서 열린 런던 자동차 박람회 티켓을 사주었다. 그날 나는 미래주의적인 자동차 디자인에 빠져버렸다. 이후 나의 관심이 건물 디자인으로 옮겨 감에 따라 아버지는 나를 베드포드 광장에 위치한 건축 협회에 데려가 학생들이 작품을 전시하는 졸업 전시를 보도록 했다. 잔뜩 신이 났더랬다.

내가 알기로 건축가는 건물을 디자인하는 사람이고, 건물은 디자인할 수 있는 가장 큰 사물이었으니까. 인간이 상상할 수 있는 가장 큰 캔버스 위에서 디자인하는 격이었다. 앞으로 건물 디자이너가 될 사람들의 작품을 본다는 사실만으로 설렜다.

그날 본 장면은 당황과 실망만을 안겨주었다. 자동차 박람회에서는 비전 있는 미래주의적 자동차 디자인을 볼 수 있었다. 하지만 건축 전시회에는 명확히 건물 디자인이라 부를 수 있는 것이 없었고, 벽도 지붕도 창문도 전혀 식별되지 않았다. 대신 벽에는 설명할 수 없을 정도로 복잡한 추상적인 그림과 '공간 프로그래밍의 다층적인 복잡성'과 같이 내가 이해할 수 없는 아이디어를 담은 긴 글이 있었다.

뭐라도 이해해 보려고 전시장을 둘러보는데 바닥 한복판에 있는 금속 기계가 쇳소리를 내며 팔을 움찔거렸다.

도대체 이해가 안 됐다. 미래에 대한 숭고한 비전에 감탄할 줄 알았는데, 본 거라고는 시각 어쩌고 헛소리에 웬 움찔대는 기계 때문에 자빠지기나 하다니. 젊은 건축가들의 작업이 불가사의하게 느껴졌다. 무슨 일이 벌어지고 있는 걸까?

몇 년 후, 21살짜리 맨체스터 폴리테크닉 디자인과 학생이 되자 상황은 더욱 분명해졌다. 우리는 졸업 전시회를 위해 최종 작품을 디자인하고 만들어야 했다. 누구는 귀걸이를, 누구는 나무 접시를, 누구는 벤치를 만들었다. 나는 그해 여름 논문을 쓰면서 발견한 모든 것, 그리고 전년도 바르셀로나 여행과 가우디와의 만남을 바탕으로 진짜 건물을 만들어 보기로 결심했다. 야심찬 시도임을 모르지 않았다. 건축을 전공하는 학생도 실제로 건물을 지어 본 적은 없다는 것 역시 알았다. 심지어 지도 교수님마저 '건물 모형을 만들어 보는 건 어떠냐'고 말했다. 하지만 논문 연구를 하다 보니 왠지 모르게 도전하고 싶은 마음이 생긴 터였다. 또한 빅토리아 시대에는 파빌리온, 폴리, 정자와 같은 작은 구조물을 짓는 전통이 있다는 사실도 알고 있었다. 그런 소박한 구조물이라면 가능하지 않을까?

어느 주말 여자친구와 함께 노섬벌랜드 버윅어폰트위드 주변 시골을 둘러보던 중 지붕이 주저앉고 뒤틀린 버려진 헛간을 발견했다. 이상한 모양새였다. 지붕을 땅에 닿을 때까지 비틀어 지붕인 동시에 벽으로 만들면 어떻게 될까? 양쪽 다 비틀면 작은 파빌리온이 될 수도 있지 않을까?

칼리지 시절에는 이런 작업을 할 수 있다는 가능성이 너무 신났다. 나는 건축학과 선임 강사를 찾아갔다. 학생이 실물 크기의 건물을 만들려고 한다는 사실에 기뻐할 테고 힘 닿는 대로 나를 도와주고 싶을 거야. 강사의 책상 앞에 앉아 열성을 다해 초기 드로잉과 점토 모형을 보여준 다음 강사가 충분히 살펴볼 때까지 얌전히 앉아 기다렸다. 마침내 고개를 든 강사는 "네 발상의 시학이 뭐냐"고 물었다. 나는 더듬더듬 대답했다. "아, 음. 비틀어진 지붕을 보면…" 강사는 드로잉을 돌려주며 말했다. "이건… 이건 건축이 아니야."

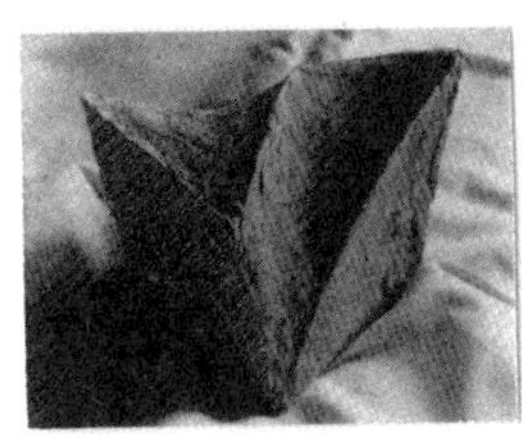

점토 모형

건축 과정을 이끌던 그 선임 강사는 건물을 디자인하고 제작하려는 나의 시도에 아무런 관심이나 흥미를 느끼지 못했다. 슬펐다. 그리고 놀랐다. 내 디자인이 '건축이 아니라니' 말도 안 되는 소리 같았다.

공식적인 건물 디자이너의 세계가 스스로를 어떻게 바라보는지 처음 알게 된 순간이었다. '건축'이라는 단어는 행위가 아니라 수여해야 할 상이었다. 결국 나는 관대한 지역 기업 26곳으로부터 후원을 받아 여러 부서의 창문으로 둘러싸인 폴리테크닉 중앙 안뜰에 파빌리온을 만들 수 있게 되었다.

동료 학생들과 칼리지 기술자들도 내가 맨체스터 비에 흠뻑 젖어 있는 모습이 불쌍해 보였는지 파빌리온 제작에 도움을 주었는데, 아무튼 특별한 일이 일어나고 있다는 데 영감을 받는 듯했다.

그런데 이상하게도 졸업 전시회가 열릴 때가 되자 건축학부에서는 창문을 검은 종이로 막았다. 다른 학과 학생이 칼리지 역사상 최초로 진짜 건물을 만들었다는 사실을 전시회 방문객들이 모르게 하려는 의도였다.

건축가는 건물을 디자인하는 사람이고 나는 건물을 디자인했는데, 내가 디자인한 건물이 건축이 아닌 이유가 뭘까? 어째서 '시학'이 있어야 된다는 거지?

그 이유는 바로, 내가 베드포드 광장의 건축 협회에서 처음 느낀 바 있듯, 건축가가 자신을 단순한 디자이너로 생각하지 않기 때문이다.

"건축은 예술 그 이상도 이하도 아니다."

필립 존슨, 건축가

"건축은 시각 예술이며, 건물은 스스로 목소리를 낸다."

줄리아 모건, 건축가

"건축의 예술적인 측면을 이야기하고 싶다. 건축의 가치는 오로지 그 예술성에 있다고 믿는다."

폴 루돌프, 건축가

"건축은 가장 위대한 예술이다."

리처드 마이어, 건축가

"건축은 예술의 어머니다"

프랭크 로이드 라이트, 건축가

건축가는 자신을 예술가라고 생각한다.

분명히 말하는데, 이것은 일반화다. 그렇지 않은 사람도 있다. 하지만 대다수가 그렇다. 심지어 그렇지 않은 사람, 즉 자기는 예술가가 아니라고 말하는 건축가조차 때때로 예술가처럼 생각하고 말하고 행동한다. (상을 수여하는 자리에서 서로의 건물에 대해 어떤 식으로 말하는지를 떠올려 보라.)

화가·소설가·음악가 등 다른 예술가와 마찬가지로 건축가도 당대의 예술적 유행에 쉽게 휩쓸린다. 이 책에서 지금껏 살펴보고 묘사한 건물들이 바로 그런 방식으로 생겨났다. 따분함이라는 특성은 단순히 비용 절감이나 게으름, 상상력 부족의 결과가 아니다. 건물은 우연히 혹은 실수로 따분해지지 않았다. 건물의 따분함은 다분히 의도적이다. 100년 전 불어닥친 예술적 열풍의 결과인 것이다.

그 열풍의 이름은…

모더니즘.

모더니즘은 오늘날의 세계가 탄생하는 과정에서 나타난 예술적 반응이었다.

19세기 말과 **20세기** 초, 우리는 여지껏 알고 있던 모든 것에 의심을 품기 시작했다.

제1차 세계대전은 한 세대를 충격과 환멸의 상태로 몰아넣었다.

산업화는 전 세계로 퍼져나갔고,

기관총,

영화,

자동차,

전신기,

항공기

와 같은 발명품은 자연의 한계를 새롭게 정의했다.

계급·종교·성에 관한 오래된 태도가 무너지기 시작했다. **'합리적'** 사고의 연약한 껍질 아래서 소용돌이치는 무의식에 대한 새로운 이론이 인기를 얻었다.

알베르트 아인슈타인의 상대성 이론 등 과학 분야의 발전으로 우주의 비밀이 밝혀지기 시작했다.

세상은 이전에 상상했던 것보다 훨씬 더 **'불안하고'** **'예측 불가능한'** 것으로 드러났다.

과거 당연하다고 여겨졌던 것들이 돌연 순진하고 착각에 기반한 허황된 것이 되어버렸다.

모더니스트의

창의적인 두뇌가 이 새로운 현실, 도전적인 현실을 재현하고자 한 것은 전혀 이상하거나 놀라운 일이 아니다. 모더니즘 문학 전문가인 레이클레스 루이스Pericles Lewis는 그들이 만든 예술은 일반적인 **'현실에 대한 믿음 상실'**을 반영했다고 말한다. "모더니스트는 현대 세계를 위해 완전히 새로운 재현 수단을 발명해야 했다."

회화 · 조각 · 문학 · 시 · 음악 · 무용에 관한 오래된 원칙은 부적절하고 심지어 기이하게 느껴졌다. 그렇게 옛 원칙이 버려졌다. 음악은 무조로 바뀌었고, 시인은 운율과 운문 구조를 포기했으며, 제임스 조이스와 같은 작가는 소설의 전통적 형식과 줄거리에서 벗어났다. 화가는 이제 풍차들의 목가적인 장면이나 상반신을 드러낸 처녀, 바다 위 배에 관심을 두는 대신 불필요한 디테일을 없애고 보다 근본적인 형태를 드러내고자 했다. 화가는 순수한 기하학적 형태 · 단순한 선 · 블록처럼 배치된 색상 · 추상적인 패턴을 활용하여 작업하기 시작했으며, 파블로 피카소는 2차원으로 재구성되고 해체된 형태를 사용하여 여성을 묘사했다. 미술관의 물체는 더이상 관객의 정서적 쾌를 불러일으키는 데서 그치지 않고 거기에 도전하려 들었다. 선구적 시인인 샤를 보들레르는 모더니스트가 "중산층에 충격을 주려 했다"고 쓴다. 예술가 카지미르 말레비치는 검은 사각형 하나를 그린 그림을 전시했다. 마르셀 뒤샹은 소변기와 눈삽 그리고 L.H.O.O.Q., 즉 '엘 아 쇼 오 큐Elle a chaud au cul, 그녀의 엉덩이는 뜨거워'라는 뜻의 문구와 함께 콧수염을 그려 넣은 〈모나리자〉 사본을 전시했다.

파블로 피카소,
〈앉은 여인의 흉상〉, 1960

마르셀 뒤샹, 〈*L.H.O.O.Q.*〉, 1919

모더니즘 예술은 광기어렸고, 까다로웠고, 고무적이었으며, 종종 기발했다. 모더니스트 시인이자 극작가, 작가인 기욤 아폴리네르의 표현을 빌리자면 모더니스트 예술가는 '관능적이기보다는 두뇌적인' 작업을 선보였다. 그들은 관객에게 느낌보다는 생각을 강요했다. 어여쁨이나 기분 좋은 감정 따위로 관객을 유혹하는 것이 사명이라고 생각하지 않았던 것이다. 외려 추상화가 바넷

뉴먼은 "현대 미술의 충동은 아름다움을 파괴하려는 욕망"이라고 쓴 바 있다.

감정은 배제되고 생각만이 남았다. 모더니즘 열풍 탓에 예술가의 초점이 마음에서 머리로 옮겨갔다.

카지미르 말레비치의 〈검은 사각형〉과 〈검은 원〉 (두 작품 모두 1923년 제작)

조각

퇴출

에티엔-모리스 팔코네, 1758

진출

알렉산더 아키펜코, 1912

시

퇴출

A Birthday

My heart is like a singing bird
Whose nest is in a water'd shoot;
My heart is like an apple-tree
Whose boughs are bent with thickset fruit;
My heart is like a rainbow shell
That paddles in a halcyon sea;
My heart is gladder than all these
Because my love is come to me.

Raise me a dais of silk and down;
Hang it with vair and purple dyes;
Carve it in doves and pomegranates,
And peacocks with a hundred eyes;
Work it in gold and silver grapes,
In leaves and silver fleurs-de-lys;
Because the birthday of my life
Is come, my love is come to me.

크리스티나 로세티, 1857

진출

Super-Bird-Song

Ji
Uü
Aa
P' gikk
P'p'gikk
Beekedikee
Lampedigaal
P'p' beekedikee
P'p' lampedigaal
Ji üü Oo Aa
Brr Bredikekke
Ji üü Oo ii Aa
Nz' dott Nz' dott
Doll
Ee P' gikk
Lampedikrr
Sjaal
Briiniiaan
Ba baa

쿠르트 슈비터스, 1946

회화

윌리엄 헤이즐릿, 1808

파울 클레, 1922

무용

안나 파블로바, 1900

오스카 슐레머, 1926

모더니스트는 화려한 문체나 과도한 서술, 장식적인 예술의 과장된 요소 등 모든 형태의 '장식'을 경멸했다. 장식은 진부하고, 부르주아적이며, 구식이고, 부정직한 것으로 여겨졌다. 에즈라 파운드는 "장식에 염증을 느낀다. 장식은 전부 속임수다"라고 썼다. 문화 비평가 웬디 스타이너의 말에 따르면 "파운드의 심상주의 시부터 헤밍웨이의 산문 속 예술적 정직성에 이르기까지, 선언문 하나하나가 장식을 비난한다."

모더니즘 운동은 혁명처럼 예술계를 휩쓸었다.

그리고 마침내 건축계에 도달했을 때, 건축의 근간이 흔들렸다.

비트루비우스 시대는 물론 그 이전부터 족히 수천 년 동안 성공적인 건물은 힘, 기능, 아름다움*Firmitas, Utilitas, Venustas*을 모두 갖춰야 한다는 것이 통념이었다.

하지만 이제 비트루비우스의 의자에서
한쪽 다리가 걷어차였다.

기쁨을 주는 다리가.

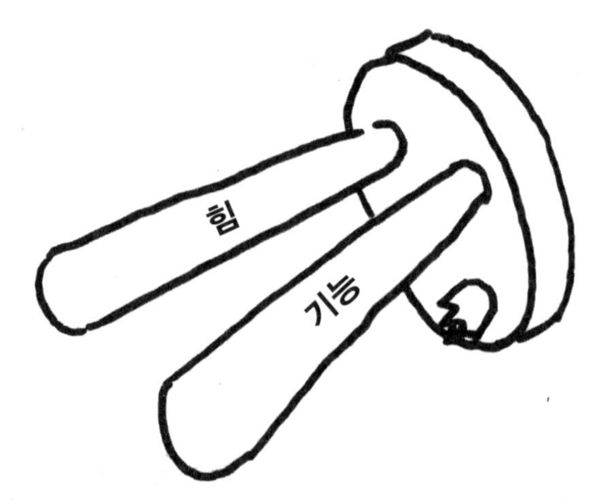

모더니스트 예술가에게 중요한 것은 진실이었다.

그리고 진실은 아름답지 않았다.

보통 해괴하고, 도전적이며, 어려웠다.

그러나 흥미롭기도 했다.

우리에게 수수께끼를 던지기에.

T. S. 엘리엇, 버지니아 울프, 피카소 등 눈부시고 찬란한 예술을 탄생시킨 운동이 어떻게 따분한 건물이라는 범지구적 전염병을 일으킬 수 있었을까?

그 해답을 찾기 위해, 건축을 모더니즘의 세계로 끌어들인 인물, 그리하여 누구보다 앞장서서 모더니즘이라는 예술적 운동을 건물에서 어떻게 표현할 것인지를 정의한 인물을 만나보려 한다. 이 인물의 생각과 작업을 들여다봄으로써 훨씬 더 큰 이야기를 들려주겠다. 한 세대의 건축가들이 어떻게 죽을 지경으로 따분한 것에서 아름다움을 보기 시작했는지를.

그리고 그들의 아이디어가 왜 죽지 않고 살아 있는지도.

따분함의 신을 만나다

자, 여기 따분함의 신이 있다. 전매특허인 동그란 안경을 쓰고 있는 모습이다. 남자를 선망하는 후대 건축가들이 얼마나 따라 썼더랬는지, 아직도 한두 명쯤은 얼굴에 이런 안경을 얹고 있다.

남자는 '까마귀 같은 자'를 뜻하는 '르 코르뷔지에Le Corbusier'라는 이름으로 자기를 칭했다.

남자의 본명은 샤를-에두아르 잔느레-그리Charles-Édouard Jeanneret-Gris, 모더니즘 시대의 자식이었다. 1887년 스위스에서 태어난 그 역시 모더니즘 운동을 만든 시인, 화가, 이야기꾼이 그랬듯 급격하고 혼란스러운 세상의 변화에 영향을 받았을 것이다. 르 코르뷔지에는 놀랍게도 스스로를 소수의 "세계사적 인물" 중 하나라고 믿으며 자신의 위대함을 확신했다. 또한 1923년 "모든 예술의 정점에 건축이 있다"라고 쓰며 자신을 예술가로 여겼다.

르 코르뷔지에

샤를-에두아르 잔느레-그리

20세기 초 전 세계 도시 지역의 대부분은 위험하고 더럽고 병들어 있었다. 르 코르뷔지에는 전형적인 가정집을 "결핵으로 가득 찬 낡은 마차"에 비유했다. 중세 도심의 구불구불한 옛 거리는 너무 붐벼 "신체적·신경적 질병"과 "위생 및 도덕적 건강"의 저하를 초래한다고 믿었다.

게다가 다가올 미래, 즉 사람들이 자동차를 타고 놀라운 속도로 이동하게 될 미래에 적합하지 않다고 생각했다. 르 코르뷔지에는 모더니즘적 발상으로 건물·마을·도시를 혁신하고자 했다.

모더니스트 예술가들이 시·스토리텔링·회화·영화의 구시대적 규칙을 모두 버리고 싶어 했던 것처럼 르 코르뷔지에도 당시의 건축이 "관습에 억눌려 있으며" 근본적으로 재구상되어야 한다고 믿었다. 그는 1925년 스트라스부르에서 국제 공모전의 심사위원으로 있을 때 동료 건축가를 만난 일화를 즐겨 이야기했다. 어느 날 아침, 심사단은 도시를 벗어나 주변 시골의 들판과 숲으로 갔다. 그곳에서 르 코르뷔지에는 완벽하게 곧은 운하와 철도를 가르켜 그 직선이 "무색무취의 풍경 속에서도 고무적이고 심지어 시적이기까지 하다"고 찬사를 쏟아냈다. 한 명의 심사위원은 르 코르뷔지에가 제안하는 직선의 세계라는 비전에 반기를 들었다. "길이 그렇게 끝도 없이 쭉 뻗어 있으면 가는 사람 따분해서 다 죽겠어요."

이 말에 '경악한' 르 코르뷔지에가 답했다. "자동차도 있는 분이 그런 말을 하다니!" 세계 역사에 길이 남을 예술가이자 건축가 입장에서는 요점을 전혀 파악하지 못하는 말이었던 것이다. 미래를 얘기하고 있는데, 따분하다? "반드시…자동차는 최대한 직행해야 한다."

르 코르뷔지에는 건축된 세계에서 최고로 중요한 것이 기능이라고 믿었다.

운하와 철도가 완벽히 직선일 때 최대 효율로 작동한다면, 완벽한 직선이야말로 바람직한 모습이다. 완벽한 직선이 운하와 철도의 진실이고, 진실이 중요했다.

건물도 다르지 않았다. 건물의 용도가 건물의 진실이었다.

그리고 건물의 모습은 진실을 재현해야 했다.

장식 없이. 치장 없이. 장소성 없이.

진실, 오직 그것만을.

르 코르뷔지에는 생전 기사, 소책자, 책 등 형식을 불문하고 자신의 발상을 수백만 단어로 늘어놓았다. 그의 '전집'은 8권, 장장 1,704페이지에 달하며, 가격은 우편 및 포장료를 제외하고도 약 천 달러에 육박한다.

자기 얘기를 끝도 없이 늘어놓는 탓에 다른 건축가들의 조롱을 사기도 했다. 프랭크 로이드 라이트는 "이제 건물을 완성했으니 완성한 건물에 관한 책을 네 권쯤 쓸 차례군"이라고 말했다고 한다. 프랑스 건축가 앙드레 보겐스키 역시 "르 코르뷔지에의 책은 간단히 이해할 수가 없다. 당혹스럽기까지 하다"고 시인한 바 있다.

이제 르 코르뷔지에의 핵심 신념 일곱 가지를 나열하려고 한다. 르 코르뷔지에의 모더니즘 비전을 완전히 이해하는 것이 중요하기 때문에, 이러한 신념이 각 건물의 외관뿐 아니라 한데 모여 구성하는 거리 · 마을 · 도시와도 관련이 있음을 보여주고 싶다.

의심의 여지를 남기지 않기 위해, 그리고 과장은 조금도 들어가지 않았다는 사실을 증명하기 위해 지금부터는 르 코르뷔지에가 직접 말하게 두겠다.

THE SEVEN BELIEFS OF LE CORBUSIER

르 코르뷔지에의
7대 신념

르 코르뷔지에의 7대 신념

신념 1

장식은 폐지해야 한다

[장식]은 단순한 민족, 소작농,

야만인에게 어울린다…

치장을 좋아하는 소작농은 집의 벽을 장식한다.

르 코르뷔지에

동시대 예술계 모더니스트들과 마찬가지로 르 코르뷔지에도 장식과 치장을 경멸했다. 건물은 안팎으로 그 용도에 맞게 꾸밈없는 진실을 재현해야 한다는 믿음을 대대적으로 역설했다. 장식과 치장은 단세포적인 사람들을 위한 것이었다. 세련된 현대의 남녀는 야단법석한 시각적 장식에 둘러싸여 있을 필요가 없었다. 그것들을 발 아래 둔 존재였기에.

하지만 장식에 대한 사랑은 인간 본성의 일부라는 사실이 밝혀졌다. 많은 동물(대표적으로 공작새)과 마찬가지로 인간이 아름다움을 과시하는 것은 성 선택의 생물학에 뿌리를 두고 있다. 인류가 시작된 이래로 인류와 함께 해온 장식은 보편이다. 알려진 모든 인간 사회는 미화, 즉 아름답게 꾸미는 일에 귀중한 자원을 투입한다.

일련의 고고학자들이 남아프리카의 한 동굴에서 유물을 발견한다. 7만 5천 년 전 착용했을 것으로 추정되는 눈물방울 모양의 조개껍질이 적어도 65개 들어 있는 목걸이였다. 알제리와 이스라엘에서도 비슷한 유물이 발견되었고, 그 연대는 12만 년 전으로 거슬러 올라간다. 인도네시아에서 발견된 다른 장식 조개껍질은 50만 년 이상 된 것으로 추정된다.

우리는 놀랍도록 오랜 기간 흥미로운 건물을 만들어 왔다. 우리가 아는 최초의 기념비적 건물은 1965년 우크라이나에서 지하 저장고를 확장하던 한 농부가 거대한 매머드 턱뼈를 발견하며 세상에 모습을 드러냈다. 발굴 결과, 수십 개의 턱뼈와 엄니가 서로 맞물려 만들어진 네 채의 원형 집이 발견되었다.

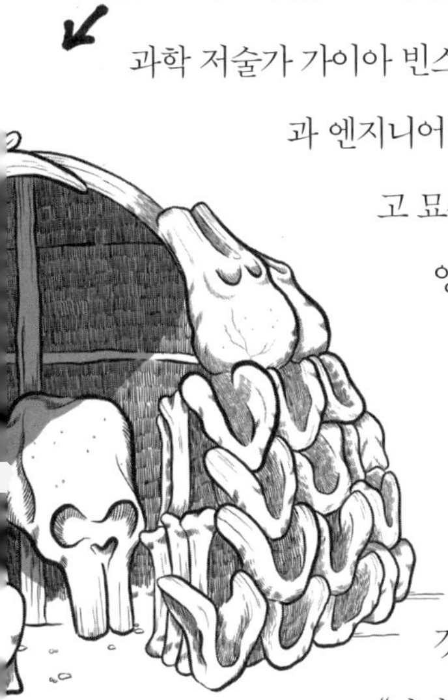

과학 저술가 가이아 빈스는 이 네 채의 집을 "숙련된 시공 계획과 엔지니어링이 필요한 놀랍고 정교한 구조물"이라고 묘사한다. 각 집을 짓기 위해서는 "엄청난 양의 매머드 뼈"가 필요했으며, 최소 100kg에 달하는 각 두개골은 당시에도 엄청난 가치를 지녔기에 엄청난 시간과 에너지, 기술이 들었을 것이다. 이 놀라운 건물은 약 2만 년 전에 지어진 것으로 추정된다. 그 안에는 장식물이, 즉 "멀게는 500킬로미터나 떨어진 곳에서 운반해 온 호박 장식과 패석 등의 아름다운 보물"이 보관되어 있었을 것이다. 보다 앞선 예로는 튀르키예의 괴베클리 테페 사원 단지가 있다. 이 유적지에는 수많은 조각품과 복잡하게 조각된 거석이 있으며, 가장 오래된 부분의 연원은 기원전 1만 년까지 거슬러 올라간다.

6만 5천 년 전 네안데르탈인의 집도 스텐실과 그림으로 장식되어 있었다.

장식이 제공하는 시각적 흥미에 대한 인간의 원초적인 욕구를 현대 과학이 확인시켜 준다. 연구자들은 "복잡성이 없는 패턴은 인간을 밀어낸다"는 사실을 발견했다. 연구에 따르면 사람들은 도시 환경 속에서 약 5초에 한 번씩 "새롭고 흥미로운 볼거리"를 발견할 때 가장 행복하다고 한다. 대부분의 사람은 "패턴화된 복잡성"에서 아름다움을 찾는다.

르 코르뷔지에와 다른 모더니스트들이 사랑했던 헐벗은 콘크리트 벽은 바로 그런 복잡성이 없기 때문에 인간에게 적대적인 것으로 밝혀졌다. 우리는 무의식적으로 열감각이라는 신경 과정을 통해 마치 만지는 것처럼 재료를 경험한다. 나무와 같이 따뜻한 소재를 볼 때 우리는 편안함을 느낀다. 반면 콘크리트, 금속, 유리는 차갑고 불편하게 느껴져 뒤로 물러나려는 본능을 불러일으키는 경향이 있다.

진화사, 신경과학, 심리학 등 다양한 출처에서 그 증거를 찾을 수 있다.

장식과 치장은 뼛속까지 인간적이다.

르 코르뷔지에의 7대 신념

신념 2

도시는 직선을 중심으로 건설되어야 한다

르 코르뷔지에는 구불구불한 도로가 있는
중세식 도시는 추악하고 비효율적이며
폐지되어야 마땅하다고 생각했다.

"현대 도시는 직선에 의거해 살아간다…
직선이야말로 도시의 심부에 적합하다.
곡선은 파멸적이고, 난감하며, 위험하다. 곡선은 마비를 부른다."

– 르 코르뷔지에

르 코르뷔지에가 역사적인 도시를 바라보는 시각은 야만적이었다. 그는 "단테의 연옥 중 일곱 번째 환"이라 묘사한 마레 지구를 포함하여 파리 우안 지역을 대대적으로 철거하고, 넓은 "격자형" 도로망을 중심으로 배열한 180여 미터 높이의 타워 블록 18개로 대체하자는 캠페인을 벌였다.

르 코르뷔지에는 샹젤리제의 그랑 팔레Grand Palais와 오르세역은 "건축이 아니라"고 주장하기도 했다.

르 코르뷔지에의 계획이 실현되었다면 파리 중심부는 이런 모습일 것이다.

시각화: 클레멘스 그리틀 Clemens Gritl

르 코르뷔지에는 심지어 로마에 "셀 수 없이 많은 추함이 있다"고 말하기까지 했다. 2021년, 상징적인 여행서 시리즈인 〈러프 가이드Rough Guides〉의 제작팀은 독자에게 세계에서 가장 아름다운 도시가 어디라고 생각하는지 물었다.

그 결과 상위 다섯 도시가 선정되었다.

1.

3.

PARIS

2.

오늘, 우리는 의심의 여지없이 말할 수 있다. 추악하고 실패한 것은 중세 도심이 있는 옛 도시가 아니라 모더니스트들이 지은 따분한 장소라고.

옛 도시는 인간적이었다.

르 코르뷔지에의 7대 신념

신념 3

건물은 대량 생산이 가능하도록 설계되어야 한다

르 코르뷔지에는 건물이 기계나 제품처럼

복제하기 쉬워야 한다고 믿었다.

장소성은 중요하지 않았다.

"만약 집이 산업적 대량 생산으로, 그러니까
자동차의 섀시처럼 건설된다면, 예상치 못했
으나 분별 있고 이치에 맞는 형태가 곧 나타
날 것이며 놀라운 정확성으로 새로운 미학이
정립될 것이다."
-르 코르뷔지에

사실 르 코르뷔지에는 크게 틀렸다. 인간은 같은 건물을 몇 번이고 다시 보고 싶어 하지 않는다. 인간은 변화를 선호한다.

2012년 호주 시드니 대학교와 스웨덴 웁살라 대학교의 연구진에 의해 입증된 사실이다. 연구진은 어떤 도시 풍경이 인간의 심리 회복을 돕는지, 즉 긴장을 풀게 하고 집중할 수 있게 하며 고갈된 정신 에너지를 재충전해 주는지 알아보고자 했다. 연구진은 200명 이상의 참가자에게 다양한 종류의 주거용 건물로 구성된 다양한 거리 경관을 보여주었다. 그 결과 건물의 실루엣과 표면의 디테일에서 건축적 변주가 클수록 심리적 회복력이 높아진다는 사실을 발견했다.

장소성은 사람들에게 중요하다. 사람들은 보통 각각의 건물과 그 건물이 모여 이루는 장소가 특색 있기를, 해당 장소의 정체성을

암스테르담의 건물들

반영하기를 원한다.

르 코르뷔지에 이후 한 세기가 지난 지금, 설문조사에 따르면 사람들은 "시각적으로 더 복잡한" 양식의 건물을 아주 강력히, 혹은 압도적으로 선호하는 것으로 나타난다. 한편, 대다수의 사람들이 가장 아름답다고 생각하는 도시는 "강렬하고, 짜임새 있고, 건축적 디테일이 풍부하다. 도시의 '풍미'는 국제적인 것이 아니라 국지적인 것이다."

장소성은 우리가 누구이고 어디에 있는지 알려준다.

변주는 흥미롭다.

단조로움은 따분하다.

변주와 장소성은 어쩔 도리 없이 인간적이다.

르 코르뷔지에의 7대 신념

신념 4

모든 건물과 장소는 주로 직선과 직각으로 설계되어야 한다

"우리는 하늘에 비친 집의 실루엣을 거의 보지 않는다. 그 광경이 너무나 고통스럽기 때문이다. 도시 전체에서, 모든 거리에서, 실루엣은 깊은 상처처럼, 부서진 형태가 튀어나온 너덜너덜하고 소란스러운 선처럼…보인다."

– 르 코르뷔지에

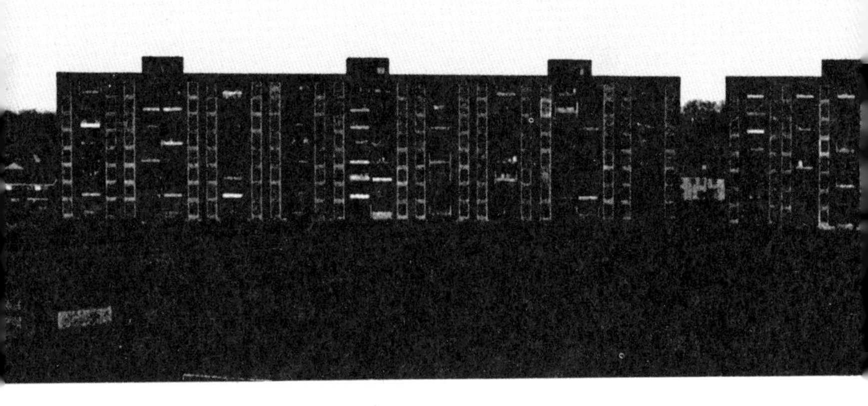

"하늘을 배경으로 한 도시의 윤곽이 순수한 선이 된다면, 우리는 매우 다른 종류의 감정을 느끼게 될 것이다…이것이 가장 중요하다."

– 르 코르뷔지에

직각에 대한 애정이 너무 거대했던 나머지, 르 코르뷔지에는 7년에 걸쳐 《직각의 시The Poem of the Right Angle》라는 책을 집필하기도 했다. 르 코르뷔지에가 놓친 것은 대부분의 사람은 실제로 곡선이 좀 있는 것을 선호한다는 사실이다. 2013년 오신 바르타냔Oshin Vartanian 박사가 이끄는 과학자 팀은 사람들을 뇌 스캐너에 넣고 일련의 건물 사진을 보여줬다. 그중에는 곡선으로 가득한 이미지도, 직선과 직각으로만 구성된 이미지도 있었다. 참가자에게 각 이미지가 '아름다운지' 아니면 '아름답지 않은지' 판단을 요청했다. 과학자들은 사람들이 직선으로만 이루어진 건물보다 곡선이 있는 건물을 아름답다고 느낄 가능성이 훨씬 더 크다는 사실을 발견했다. 뇌 스캔은 그 이유에 대한 단서를 제공한다. 참가자들이 곡선형 건축을 관찰하는 동안 뇌에서 감정적 보상을 처리하는 영역이 활성화되는 것을 관찰할 수 있었던 것이다.

우리는 곡선에서 "위협적이지 않다는 신호, 즉 안전함을 느끼기 때문에" 감정적 보상을 경험한다. 한편, 편도체는 스트레스와 공포에 대처하는 역할을 하는데, 하버드 의대 학자들의 뇌 스캔에 따르면 정사각형과 각진 물체가 뇌의 해당 부분을 활성화하는 것으로 나타났다. 또 다른 연구에서 참가자들은 곡선형을 "조용하거나 차분한 소리", "바닐라 향", "안정감"과 연관시켰다. 직선으로 구성된 각진 형태는 신맛, 시끄러운 소리, 시트러스 향, 놀람의 감정을 떠올리게 했다. 어떤 연구는 사람들이 각진 공간보다 곡선형 공간에 들어갈 가능성이 훨씬 더 높다는 사실을 발견했다. 아주 어린 아이는 각진 모양보다 둥근 모양을 더 오래 바라보는 것으로 나타났는데, 이는 끌림을 의미한다. 밝혀진 바에 따르면 여행자는 공항의 둥근 건축물을 선호한다. 인간의 진화적 사촌격인 유인원마저도 곡선을 선호하는 경향을 보인다.

이미 충분하지 않나 싶긴 하지만, 르 코르뷔지에의 격자 패턴에 대한 애호는 인간이 외부 세계를 처리하는 방식과도 상반된다. 신경과학자는 인간의 두뇌가 르 코르뷔지에가 선호하는 90도 각도가 아닌 60도 각도로 주변 환경을 매핑한다는 사실을 밝혀냈다. 인간은 정사각 그리드가 아닌 육각 격자로 세계를 이해한다.

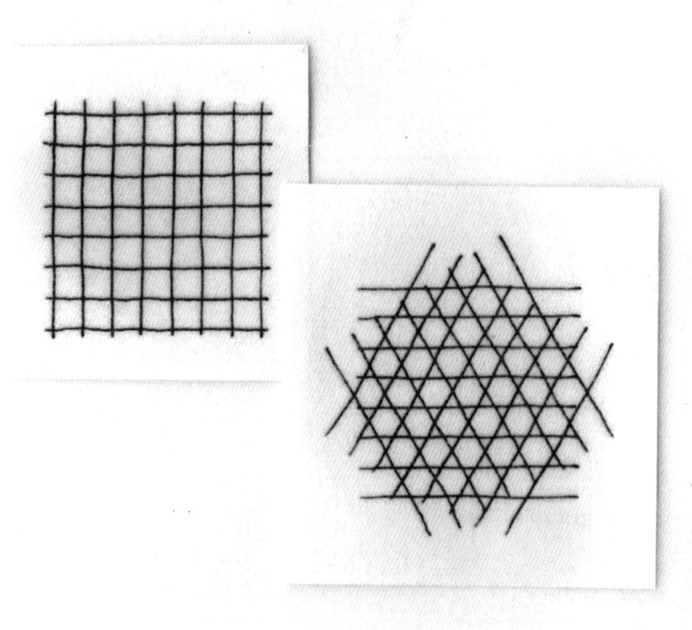

이에 따라 대부분의 사람은 그리드보다 프랙탈을 선호한다. 해안선·산·양치식물의 잎사귀와 같은 복잡한 자연 현상 역시 프랙탈로 설명할 수 있다.

프랙탈은 힌두 사원부터 고딕 양식의 성당에 이르기까지 흥미로운 건물에서도 찾아볼 수 있다.

사실상 자연에 직각은 존재하지 않는다.

건물에는 직선과 직사각이 꼭 필요한 곳이 분명히 있다. 하지만 복잡성이 충분하지 않은 상태에서 직선과 직각이 주도권을 쥐면 건물은 비인간성을 띠게 된다.

곡선과 프랙탈은 인간적이다.

르 코르뷔지에의 7대 신념

신념 5

거리를 폐지해야 한다

"우리의 거리는 더 이상 작동하지 않는다.
거리는 시대에 뒤떨어진다. 거리 따위는 없어야 옳다."

–르 코르뷔지에

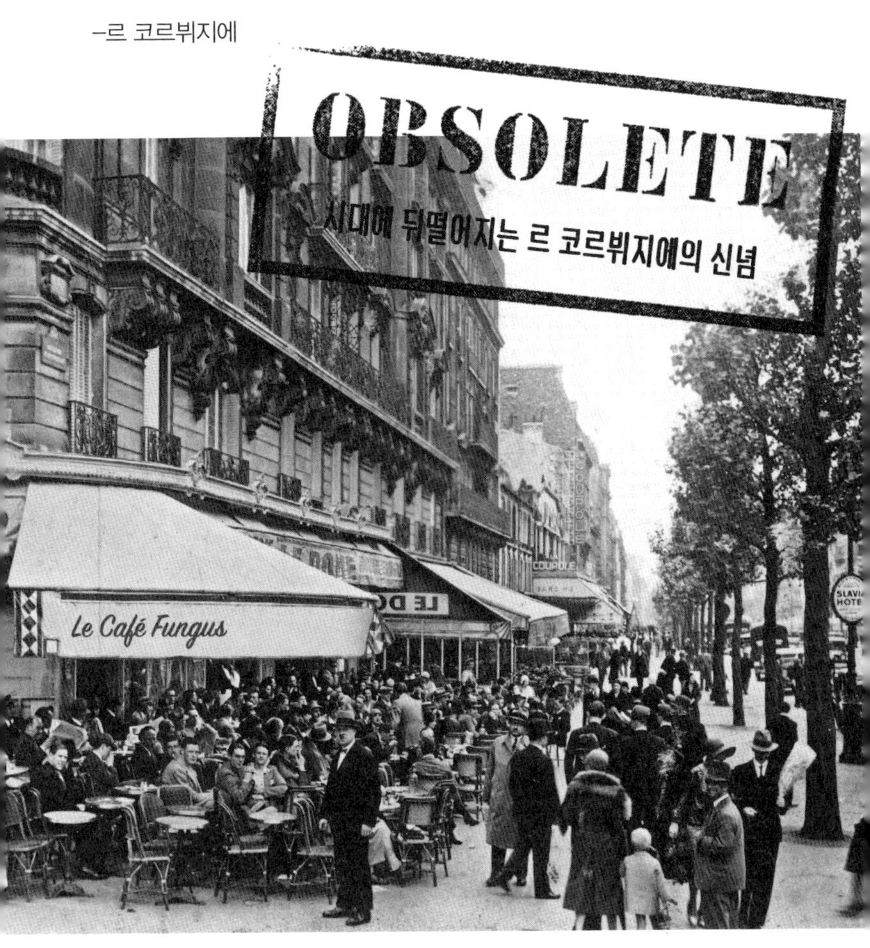

"카페와 재충전을 위한 장소는 파리의 보도를
갉아먹는 곰팡이에서 벗어나 평지붕으로 갈아탈 것이다."

–르 코르뷔지에

우리는 앞서 르 코르뷔지에와 모더니스트가 사랑한 따분함의 왕국이 얼마나 해로울 수 있는지 알아봤다. 거리에서 따로 떨어진 모더니즘 양식의 주택 단지를 조사한 결과, 과학자들은 플로리다 주 마이애미에 위치한 가난한 히스패닉 동네, 이스트 리틀 아바나의 노인이 3배나 높은 확률로 건강 문제를 겪는다는 사실을 발견했다(121쪽 참조). 부분적으로는 건물에 사람 간의 교류를 장려하는 기능이 부족한 탓이었다.

최근 거리 설계 역시 비슷한 효과를 가져온다는 사실이 밝혀졌다. 시애틀의 연구원은 행인들이 "깨끗하지만 기본적으로 특징이 없는 단지보다 소규모 상점으로 채워진 활기찬 거리"에서 낯선 사람에게 도움의 손길을 내밀 가능성이 4배 더 높다는 결과를 얻었다.

수석 연구원 찰스 몽고메리는 이렇게 설명한다. "친절함이라는 효과가 속도의 결과라고 생각한다. 사람은 보다 천천히 움직이면서 눈을 맞출 시간이 있을 때 서로에게 더 친절하게 대한다." 르 코르뷔지에가 그다지도 싫어하던 구불구불한 옛 거리는 우리에게 유익하다. 사회성을 장려하기 때문이다. 모더니즘 양식의 특징인 넓고 곧게 뻗은 도로와 텅 빈 광장은 그렇지 않다. 우리를 소외하고 혼란스럽게 만든다. 신경과학자들은 우리가 어떤 환경에 들어설 때 우리의 뇌는 그것을 '행위 무대'로 경험한다는 점을 발견했다.

뇌는 장소를 일련의 지침으로 처리하면서 다음 질문들의 답을 물색한다. 이 장소와 어떻게 상호 작용해야 할까? 어디를 걸어야 할까? 어디에 앉아야 할까? 쉼터는 어디에 있을까? 어느 방향으로 가야 할까? 전통적인 형식의 거리는 이런 질문에 대한 해답으로 가득 차 있다. 성공적인 행위 무대인 셈이다. 모더니즘적 광장이나 넓고 텅 빈 대로는 그렇지 않다.

토끼에게 굴이 있다면 인간에게는 거리가 있다. 거리의 모습은 우리를 반영한다. 인간은 '티그모택틱thigmotactic', 즉 '주촉走觸적'이다. 벽에 붙기를 좋아하는 종이라는 뜻이다.

우리는 자연스레 건물 벽이 늘어선 비교적 좁은 거리에 끌리고, 자연스레 그런 거리를 만든다. 웬만큼 급하지 않은 이상은 탁 트인 빈 광장을 가로질러 걷기보다는 가장자리에 가깝게 걷는다. 마찬가지로 어느 공공장소에 벤치가 있다고 할 때, 본능적으로 한복판에 있는 벤치보다는 측면에 있는 벤치에 앉는 경향이 있다.

르 코르뷔지에는 파리 우안을 폭 36~122미터의 넓은 도로로 이루어진 거대 격자형 시스템으로 만들고자 했다. 설문조사에 따르면 가장 사랑받는 거리들의 폭은 11~20미터라고 한다. 바르셀로나의 파세오 데 그라시아나 파리의 샹젤리제와 같은 예외적인 경우는 대개 여러 개의 가로수로 폭이 분할되어 있다.

전통 양식으로 설계된 거리의 기하학적 구조는 우리를 더욱 사회적으로 만든다.

안전하다고 느끼게 해준다.

뇌가 행위하는 데 필요한 정보를 제공해 준다.

르 코르뷔지에의 7대 신념

신념 6

오래된 도시와 교외는 공원에 둘러싸인 거대 블록들로 대체해야 한다

"그런 수직 도시가 어떤 모습일지 알고 싶다면, 지금까지 마치 마른 껍질처럼 땅 위에 흩어져 있던 모든 잡동사니들이 치워지고 그 자리에 180미터 이상 솟아오른 거대하고 투명한 유리 크리스탈이 세워지는 것을 떠올려 보라. 각각은 서로 충분히 떨어져 있으며, 모두 나무 사이에 자리잡고 서 있다."

—르 코르뷔지에

JAMOE

르 코르뷔지에는 파리와 같은 오래된 도시의 중심부와 그 교외를 철거해야 한다고 온 마음으로 믿었다.

모더니즘 양식의 공공 타워 단지가 항상 행복한 공동체를 조성하는 건 아니라는 말은 구태여 할 필요도 없다. 도시 설계 전문가인 앨리스 콜먼Alice Coleman의 연구는 이런 장소가 위험한 모퉁이와 복도로 가득하고, 누구도 자기 것이라 나서지 않으며, 그라피티 · 쓰레기 · 오물로 가득한 본격적인 '반-공동체' 장소임을 밝혀낸다. 사람들이 서로의 머리 위로 겹겹이 쌓여 살면서 단절되었기 때문에 앞뜰 정원과 같은 준-사회적 공간에서 '거리를 바라보는 눈'이 부족해질 수밖에 없다. 이는 나아가 반사회적 행동을 부추기며, 인간적인 요소가 부재하는 만큼 긍정적인 관계 형성은 더욱 어려워진다.

대다수의 연구에 따르면 이런 유형의 부동산에 거주하는 사람은 집에 대한 만족도가 낮고, 스트레스를 더 많이 받으며, 낙관적이지 않고, 더 우울한 것으로 나타난다. 심리학 및 환경학 교수인 로버트 기포드Robert Gifford의 연구 문헌을 통해, "고층 주택은 다수의 사람들에게 다른 주거 형태보다 만족도가 낮고, 어린이에게 적합하지 않으며, 타인을 돕는 행동이 드물게 발생하는 등 그 사회적 관계가 더 비인간적이고, 범죄율과 범죄에 대한 공포가 높고, 일부 자살건의 독립적의 원인으로 작용하기도 함"을 알 수 있다.

1971년, 7천 명을 수용할 목적으로 건설 중이던 런던의 도딩턴 앤 롤로 주택 단지Doddington and Rollo Estate 주민들의 삶과 생각을 포착한 영화가 나왔다. 〈집이 있던 자리Where the Houses Used to be〉라는 제목의 영화에는 전통적인 거리에서 '유토피아적'인 모더니즘 하늘 도시로 이주한 사람들의 목소리가 담겨 있다. 한 여성은 "살 만한 장소에 대해 할 말이 많다. 도대체 누가 설계했는지도 모르겠고, 누구를 위해 설계했는지도 모르겠다. 우리를 같은 사람으로 보고 있는지도 모르겠는 지경이다. 이유가 있어 이렇게 딱딱하고 군막사 같은 아파트를 지은 거라고 믿고 싶다. 건축가도 분명 이런 디자인과 전망은 싫을 테니까.

어떤 집에서 살고 싶은지, 이곳에 살게 될 평범한 사람들하고 이야기를 나눴더라면 얼마나 좋았을까. 그 사람들이 좋아하는 거 우리도 좋아한다. 그 사람들이 자기 집의 외관이 멋져 보이길 바라는 만큼 우리도 그렇다. 우리라고 전혀 다르지 않다. 언젠가 어떤 사람이 와서 평범한 사람들에게 무얼 원하는지 물어볼 때가 분명 오겠지."

따분한 주택 단지는 비인간적이다.

르 코르뷔지에의 7대 신념

신념 7

건물 내부(평면)가 외부보다 중요하다

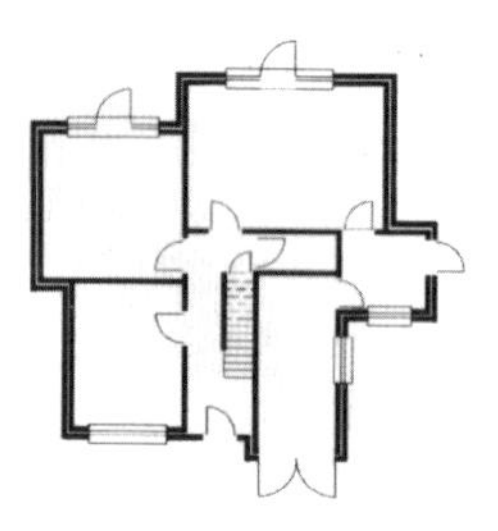

"평면은 내부에서 외부로 나아간다.

외부는 내부의 결과다."

–르 코르뷔지에

르 코르뷔지에는 건물의 겉모습이 내부를 어떻게 설계하느냐에 따라 달라진다고 믿었다.

그리고 내부 설계 방식은 건물을 반영해야 한다고도.

르 코르뷔지에에 따르면 건물은 생활하고 일하기 위한 기계이고, 그렇게 보이는 것이 마땅하다. 형태는 기능을 따라야 한다. 기능적이지 않은 장식, 치장, 불필요한 곡선, 단순한 미화 시도 등 기능적이지 않은 모든 것은 진실을 배반하는 일이었다.

하지만 르 코르뷔지에의 영향력 있는 건물 중 상당수가 대중에게 거부당했다는 것. 그것이야말로 진실이다.

1929년, 르 코르뷔지에는 프랑스 남서부 빼싹에 주택 개발 단지를 건설했다. 개발업자는 "권한을 줄 테니 이론을 실천에 옮겨보라, 빼싹은 실험실이다…"라고 말했다. 그러나 갓 지어진 새 건물이었을 때부터도 건물의 외관은 평범한 사람들에게 인기가 없었다. 주택을 분양하던 부동산 중개인마저 마케팅 자료에서 그 따분한 외관을 언급할 정도였다. "주택의 낯선 모습 때문에 주저하는 마음이 들 수도 있습니다만…외관이 늘 첫눈에 만족스러운 것은 아니죠."

기존 빼싹 건물

오늘날에도 지역 주민들은 르 코르뷔지에의 모더니즘 비전을 받아들이는 데 애를 먹고 있다. 2015년 르 코르뷔지에의 팬으로서 프랑스와 스위스를 여행하며 그의 작품을 둘러보던 건축 작가 헬레나 아리자Helena Ariza는 여러 집이 "전혀 알아볼 수 없을 정도로 변형된 모습"을 발견했다. "내부 공간이 분할되어 새로운 방이 생기고, 직사각 창이 정사각의 작은 창으로 바뀌고, 테라스가 덮이고, 경사진 지붕이 새로 등장하고, 주차장이 없어진" 것이다. 다수의 집이 "매우 열악한 상태였고, 심지어 일부는… 버려졌다. 뻬싹 주민들 사이에서 그닥 인기 있는 지구도 아니었다."

그럼에도 불구하고 2016년 뻬싹 주택 단지는 유네스코 세계문화유산으로 등재되었다.

적지 않은 수의 건축가 · 도시 계획가 · 비평가들이 르 코르뷔지에를 높게 평가하고 있다.

건축가이자 비평가인 피터 블레이크Peter Blake는 그를 레오나르도 다빈치, 미켈란젤로에 견주기도 했다.

건축사학자 찰스 젠크스Charles Jencks는 르 코르뷔지에를 "20세기 최고의 건축가"라고 불렀다.

건축가이자 비평가인 스티브 가디너Stephen Gardiner는 그를 "20세기 건축 운동을 이끈 고도로 복잡한 천재"라고 불렀다.

2009년의 어느 따뜻한 여름날, 나는 르 코르뷔지에의 걸작이라고 여겨지는 건물을 말하자면 반-순례하러 간 적이 있다. 캠핑카를 타고 스위스에서 가족 휴가 중이었는데, 프랑스 북동부 프랑슈콩테 지역 롱샹으로 우회하여 르 코르뷔지에가 설계한 노트르담 뒤 오Nortre-Dame du Haut에 들르기로 한 것이다. 폭스바겐 콤비 밴을 주차장에 세우고 보니 그 건물이 바로 눈앞에 있었다.

내 인생 최고의 건물이었다.

르 코르뷔지에 인생 말기인 1955년 완공된 이 작은 예배당은 질서와 복잡성이 살아 숨 쉬는 곳이었다. 구부러지고 기울어진 흰 벽에는 크기와 위치, 색상이 다른 작은 창이 여럿 나 있었으며, 짙은 색의 지붕은 멋스럽게 굽어 있었다. 적은 돈으로 지어졌음에도 건물은 생산 라인에서 찍어낸 기계 부품처럼 보이지 않고, 오히려 인간의 환상이 빚어낸 매혹적인 작품처럼 보였다. 비대칭한 예배당 내부에는 깊게 패인 정도가 모두 다른 창들이 어두운 실내에 은은한 빛을 드리우며 고요한 정적 속에서 신비와 경이의 분위기를 자아냈다.

숭고했다.

대중적 따분함을 설교하는 한편 개인으로서는 이토록 인간적인 광채를 발산할 수 있다니, 이 명백한 정신분열은 대체 뭘까? 어떻게 자신이 설교했던 모든 것을 버릴 수 있었을까? 경외감에 사로잡혀 그저 서 있던 나로서는 도무지 알 길이 없었다.

인정할 수밖에 없었다. 이 남자는 개별 건물을 설계하는 사람으로서는 천재가 맞았을지도 모른다.

노트르담 뒤 오 같은 훌륭한 건물이 세계에서 대단한 영향력을 가지지 못했다는 점이야말로 모두의 비극이다. 르 코르뷔지에가 열과 성으로 추진했던 발상은 건물 외관의 복잡성을 완전히 압살해버리는 반복적인 질서에 자리를 내주었고, 이는 이내 들불이 되어 퍼져나갔다.

1952년 프랑스 마르세유에 완공된 르 코르뷔지에의 유명작 '위니테Unité' 아파트 단지다. 이 반복적이고 평평한 직사각 주거용 건물은 전후 영국, 소련, 아시아, 식민지 이후 아프리카·아메리카 등 전 세계에서 우후죽순 생겨난 매끄럽고 반복적이며 평평한 주거용 건물의 모체가 되었다.

건축가 겸 비평가 케네스 프램튼Kenneth Frampton은 건물을 "숨막히게 영웅적인 기념비"라고 불렀다. 건축가 발터 그로피우스Walter Gropius는 "이 건물의 아름다움을 모르는 건축가는 연필을 내려놓는 편이 좋다"고 말했다.

이제는 안다는 식으로 으스대며 모더니즘 건물 디자이너들을 너무 가혹하게 판단하지는 말아야 한다. 열린 공간에 거대한 타워를 세워 도시를 만들고자 한 르 코르뷔지에의 발상이 왜 그리도 달콤해 보였을지 모르지 않기 때문이다. 맑은 공기와 공원으로 둘러싸인 하늘 위에서 살고 또 일하는 것은 기적 같으면서도 필연적인 미래의 전망처럼 보였을 것이다.

당시 모더니즘 건축 디자이너가 직면한 문제는 현실적이고 시급한 것이었다. 제2차 세계대전 이전에도 현대 세계는 엄청난 속도로 그들을 향해 돌진해 오고 있었다. 도심의 빈민가는 범죄와 빈

곤, 질병으로 가득 찬 끔찍하고 과밀화된 장소였다. 1921년 르코르뷔지에가 철거를 원했던 파리 보부르 지역은 결핵균 오염으로 인해 276채의 주택 중 250채가 거주 부적합 판정을 받았다. 또한 중세 도심은 자동차 교통량이 과도해질 미래를 위해 설계되지 않았다. 곧이어 발발한 제2차 세계대전이 모더니스트가 꿈꾸던 일, 즉 유럽의 구시가지와 도시의 대대적인 철거를 현실로 만든 것이다.

이제 폐허 속에서 새로운 무언가가 탄생해야 할 때였다.

독일 뷔르츠부르크, 1945년

지금까지의 이야기가 르 코르뷔지에 개인에 국한되는 것이 아니라는 점을 기억해야 한다. 르 코르뷔지에를 모더니즘이라는 사조의 대표자로 세운 이유는 그가 가장 영향력 있는 모더니즘 건물 디자이너로 인정받고 있으며, 더불어 자기의 사상과 이론을 방대한 증거로 남겨 놓았기 때문이다.

그러나 분명 건물에 엄격한 모더니즘 사상을 적용한 건축가는 르 코르뷔지에 외에도 많다. 여타 다수의 건축가도 모더니즘 열풍을 받아들여 비슷한 건물을 설계했다. 그들 역시 건물이 잔인하고, 밋밋하며, 험악하고, 익명적이라는 대중의 비판에 무시로 일관했다. 모더니즘 화가나 조각가와 마찬가지로 모더니즘 건축가도 복잡성보다 질서를 우선시하고 완벽한 정사각과 직사각, 직각과 끊김 없는 선 등 순수한 형태를 재현하고자 했다.

그중에서도 루트비히 미스 반 데어 로에가 가장 유명하다. 르 코르뷔지에가 따분함의 신이라면 거의 동시대 인물인 미스는 성모 마리아라고 할 수 있다. 르 코르뷔지에가 도시 전체의 계획을 고민했다면, 미스는 개별 건물에 집중하여 판유리로 덮인 거대한 직사각 구조물을 제안했다. 냉혹할 정도의 간결함을 기반으로 현대성을 표현하고자 했으며, 곡선 대신 직선과 직각을 선택하고 장식과 디테일을 제거하여 대규모의 반복적 공백을 추구함으로써 자기가 다른 사람들이 대량 생산할 수 있는 이상적인 형태의 고층 건물과 캠퍼스 건물을 설계하고 있다고 여겼다. 미스는 "덜어낼수록 좋다less is more"라는 말을 대중화하는 데 일조했다.

미스 반 데어 로에

뒤쪽에서 미스 반 데어 로에의 건물 중 걸작으로 꼽히는 몇 가지를 소개한다.

진짜 덜어낼수록 좋을까?

아니면 그냥 말뿐인 걸까?

미스 반 데어 로에

카먼 홀 아파트, 시카고

IBM 건물, 시카고

레이크 쇼어 드라이브 아파트, 시카고

라파예트 타워, 디트로이트

바이센호프 주거단지, 슈투트가르트

프로몬토리 아파트, 시카고

위시닉 앤 펄스타인 홀, 시카고

덕슨 연방 법원 건물, 시카고

'덜어낼수록 좋다'라는 표어는 미스의 창조적 '대부'이자 초창기 모더니즘 건축가인 페터 베렌스Peter Behrens가 처음 만든 것으로 알려져 있다.

이는 천주교의 성호경, 성모송, 주기도문처럼 따분한 건물 디자이너의 이념을 관통하는 3대 신념 중 하나이다.

루이스 설리번은 1924년 죽었다.
아돌프 로스는 1933년 죽었다.
페터 베렌스는 1940년 죽었다.
르 코르뷔지에는 1965년 죽었다.
미스 반 데어 로에는 1969년 죽었다.

이미 오래 전 죽은 사람들의 사상이 왜 여지껏 살아남아 있을까?

여러 세대의 거부에도 불구하고 믿기지 않는 저항력을 유지할 수 있었던 비결이 뭘까?

그 답을 찾기 위해서는 과거 및 동시대 따분한 건물 디자이너와 도시 계획가의 머릿속 더 깊은 곳으로 들어가 보는 수밖에 없다.

불경한 삼위일체

적을수록 좋다

페터 베렌스

형태는 기능을 따른다

루이스 설리번

장식은 범죄다

아돌프 로스 (사후*)

*로스의 명강의 제목이 실제로
'장식과 범죄'였다.

(우연히) 컬트를

시작하는 법

절친한 친구 하나가 건축계 두 거물이 벌인 토론에 참여한 적이 있다. 런던의 어느 고급 사교 모임 자리였는데, 건물에 관한 대중의 여론이 얼만큼의 중요성을 가지는지가 토론의 주제였다고 한다. 친구는 놀라운 소감을 전해왔다. "대중의 지식 수준이 귀 기울여 들을 만큼 대단하지 않다는 의견이 태반이더라고." 그리고는 이렇게 덧붙였다. "다들 이런 식이었지. '왜 대중에게 물어보려 하나? 그들이 뭘 안다고?'"

이러한 문화는 대중이 자신의, 그러니까 엘리트 건물 디자이너의 건축물을 거절할 때 자존심을 보호하는 수단으로 쓰여 왔다. 대중은 보는 눈이 없어서 우리 작업의 좋음을 못 알아본다. 알아도 우리가 더 많이 안다는 말과 함께.

이렇듯 편리하게 지어낸 소설을 통해 건물 디자이너는 자신들이 만들어 낸 결과물 대다수에 사람들이 매력을 느끼지 못한다는 압도적인 증거를 무시할 수 있게 된다. 여러 세대에 걸쳐 꾸준히 따분한 건물을 짓고 또 지을 수 있게 된다.

이들은 어쩌다 다른 모두로부터 분리되고 말았을까?

대체 무엇이 이들 눈에만 보이는 걸까?

놀랍게도 정답은 이것이다. 모더니즘 건축가는 따분한 건물이 아름답다고 생각한다.

나는 이 사실을 1999년 깨달았는데, 어느 유명 건축 설계 사무소가 자신들의 설계로 런던 동부에 지어질 병원 건물을 소개하는 행사에 참석했을 때였다. 이렇게 중대한 기회를 새로 맡게 된 스튜디오의 디자이너가 설계안을 발표하고자 연단에 섰다. 부드럽고 카리스마 있는 어조로 작업을 소개하던 그는 '토스카나 언덕 마을'에서의 추억을 떠올리며 건물을 설계했다고 설명했다. 괜찮게 들렸다. 이내 도면을 보여 줄 차례가 되었고, 나는 두근거리는 마음으로 시선을 옮겼다.

하지만 전혀 내가 생각했던 건물이 아니었다. 나는 속으로 "저게 무슨 토스카나 언덕 마을이야"라고 생각했다.

혼란스러웠다. 건축가 눈에는 토스카나 언덕 마을이 보인다는데, 내 눈에는 거대한 10층짜리 고층 아파트 하나와 그 앞에 추가로 돌출된 블록 몇 개만이 보일 뿐이었다. 놀랍게도 나만 이런 생각을 하는 것 같았다. 주변 청중은 그 비인간적인 비전에 매력을 느끼는 듯했다. 나는 발표가 끝난 후에도 당황 속에 앉아 있었다. 그가 뱉은 낭만적인 설명은 실제 설계와 조금도 일치하지 않았다. 그런데도 웃음거리가 되지 않은 이유가 뭘까?

멀쩡한 세계였다면, 조롱 없이는 이 따분하고 못난 건물을 '토스카나 언덕 마을'로 비유할 수 없었을 텐데.

그날 아주 기이하고 오싹한 무언가를 실감했다. 따분함이라는 재앙이 세계를 어떻게 먹어 치웠는지 제대로 파악하려면 필히 이해해야 하는 아주 중요한 무언가를 말이다. 건축가와 비건축가는 건물을 눈앞에 두고 서로 다른 현실을 보는 경향이 있다. 모더니스트 건축가는 그들의 건물이 참으로 아름다운 현실, 일종의 대체 현실을 경험한다. 한편 비건축가 의뢰인은 자신이 무지하거나 구식으로 비춰질까 두려워하며, 그리고 또 다른 디자인에는 더 많은 비용이 들 것을 염려하며 전문가로 생각되는 건물 디자이너에게 무죄 추정의 원칙을 적용한다.

20세기 모더니스트 음악가·화가·작가 중 다수가 아름다움의 재현 자체를 거부하며 작업을 해온 데 반해 르 코르뷔지에와 같은 건축가는 조금 다른 노선을 택했다. 만족시켜야 할 고객과 수주해야 할 커미션이 있기 때문일까? 인색하고 밋밋하고 따분한 디자인을 아름다움이라 선언한 것이다.

여기 그의 설명이 있다. 따분함의 신은 자신이 건물을 설계할 때 흔히 쓰는 단순하고 기본적인 도형이 사람들에게 다음과 같은 감흥을 준다고 말한다. (진한 글씨는 그가 직접 강조한 부분이다.)

"우리의 감각에 영향을 주고, 우리 눈의 욕망을 충족시키는 요소를 사용하라. 그리고 … 요소가 가진 섬세함 혹은 거침, 소란스러움 혹은 평온함, 무심함 혹은 관심을 통해 **그것을 눈에 담기만 해도 즉각적인 감흥이 오게끔 배치하라.** 이러한 요소는 우리 눈에 선명하게 보여지고 우리의 관념이 측정할 수 있는 즉물적 요소, 즉 조형이다. 쉽건 교묘하건, 온순하건 사납건, 구·정육면체·원기둥·수평·수직·대각선과 같은 이러한 조형은 우리의 감각에 생리적으로 작용하여 흥분시킨다."

르 코르뷔지에의 건물은 아름다울까?

그중 소수는 아름답다는 생각이 들기도 한다. 우리들 각자의 감상이 어떻든 사실 어떤 건물을 아름답거나 추하다고 선언하기란 쉽지 않다. 그럼에도 의견이 갖는 무게에 주목할 수는 있다. 사람들은 보통 어떤 종류의 건물에 끌릴까? 이미 확인한 바 있듯, 오늘날에도 과거에도 대부분의 사람들은 흥미로운 건물에 매력을 느낀다. 디테일이 있고 입체적이며 장식과 역사성, 장소성을 갖춘 건물 말이다.

게다가 사람들이 대체로 곡선이 있는 모양에서 즐거움과 안정감을 느끼고, 반면 각지고 직선적이기만 한 모양은 위협적이라고 느낀다는 사실을 밝혀 낸 신경과학자들의 연구도 있었다(220~221쪽 참조). 그럼에도 불구하고 현대 건축가 대부분은 여전히 장식되지 않은 직각과 직선, 평평한 표면을 선호하는 것으로 보인다.

따분함을 향한 그들의 욕망은 어떻게 생겨나는 걸까?

우리 인간이 각자 너무나 다르다는 사실은 화가·조각가·음악가·작가의 작업을 보면 확연히 알 수 있다. 대중 예술의 양식은 그야말로 엄청나게 다양하다. 하지만 우리의 건물을 디자인하는 많은 사람들은 어떤 이유에서인지 결국 하나같이 평평한 상자를 좋아하고 만다. 건물 디자인의 세계가 선정적인 광풍에 지배되었다고 이따금 주장하는 비평가들의 시각과는 반대로, 현실에서는 대부분의 건축 설계 사무소가 도시에 놀랍게도 비슷한 건물을 세우고 있다. 어떤 작업이 어떤 사무소의 것인지 정말 간신히 구분해 낼 수 있을 정도이다.

어떻게 이런 일이 가능한 걸까?

건축가가 되는 과정 속에 그 답이 있다.

품평회

건물 디자이너로 경력을 시작하던 20대 후반 무렵, 건축학도 사이에서 두려움의 대상이 되곤 하는 행사에 초대받은 적이 있다. 일반적인 건축학도라면 7년의 수련 과정 중 으레 작품 평가 및 비평 시스템인 '심사 품평회jury and crit'를 거치게 된다. 학생은 19세기 파리에 뿌리를 둔 이 '품평회'에서 지도 교수와 초빙 전문가, 동료 학생을 앞에 두고 자기 작업에 대한 공개 품평을 받으며 변론에 임해야 한다. 버밍엄 시립 대학교 건축학과의 레이첼 사라Rachel Sara교수와 뉴캐슬 대학교 건축학과의 로지 파넬Rosie Parnell 교수의 설명에 따르면 품평회는 "학생이 초심자 혹은 비건축가라는 단계에서 건축가처럼 생각하고 행동하는 누군가라는 다음 단계로 나아간다는 징표인… 통과 의례다."

어떤 작업을 평가하게 될지 전혀 모르는 채로 초대받은 건축 학교에 도착했다. 강당으로 걸어 들어가니 초조한 낯으로 초빙 전문가인 나와 지도 교수에 맞서 작품 변호 준비에 한창인 17명의 학생이 보였다. 자리에 앉자 곧 학생들의 최근 프로젝트를 평가하게 될 거라는 언질을 받았다. 학생들의 작업이 궁금해졌다.

환경적으로 민감한 곳에 위치한 아파트 건물일까? 까다로운 필지에 들어선 도심 속 학교일까? 예산이 업계 표준의 절반뿐이 안 미치는 병원일까?

"어떤 프로젝트인가요?" 시험 삼아 물었다.

"무중력 상태인 달의 절벽면에 사는 외다리 남자를 위한 집입니다."

문득 십대 시절 방문한 졸업 전시회에서 움찔대는 기계를 본 기억이 되살아났다. 당시에는 그 작업을 이해하지 못하는 내가 멍청하게 느껴졌다. 내가 순진하고 무지한 탓 같았기 때문이다. 그러나 나는 이후 오랜 시간 동안 멍청한 쪽은 내가 아니었음을 깨달을 만큼의 충분한 경험을 쌓았다. 터무니없는 상황이었다. 열심히 작업하는 이 학생들은 아까운 시간을 낭비하고 있었다.

내가 목도한 건 착각에 빠진 어느 엘리트 지식인이 평범한 사람들의 희망이나 고민, 흥밋거리와는 완전히 동떨어진 채로 새로운 세대를 낳는 장면이었다. 이것이 품평회라는 사실이 나를 특히 불편하게 했는데, 특정한 방식으로 생각하게끔 학생을 압박하기에 안성맞춤인 환경이기 때문이다. 원인은 인간이 지닌 자연스러운 모방 본능에 있다. 우리는 스스로 의식하지 못하는 새에 우러러보는 사람의 취향과 의견을 흡수하도록 설계되었다는 사실이 심리학자들의 연구 결과로 익히 알려져 있다. 그리고 품평회가 전제하는 사회적 역학 관계는 이처럼 진화한 모방 강박을 더욱 증폭시키는 경향이 있다. 품평회는 젊은이들에게 건축가처럼 생각하고, 말하고, 느끼고, 행동하는 법을 전수하는 뇌 이식의 장소인 듯하다.

품평회는 때로 잔인하고 공포스럽기도 하다. 2017년 〈가디언〉은 건축학도를 위해 '품평회에서 살아남는 법'이라는 기사를 게재하며 품평회를 "몇 주에 걸친 고된 작업에 뒤이어 빗발치는 모욕이라고밖에 할 수 없는…감정적이고 연극적인 공격 과정"으로 묘사했다. 사라와 파넬 교수는 품평회 경험을 제대로 이해하고자 일군의 학생을 대상으로 설문 조사를 진행했다. 조사 결과는 품평회 시스템에 모두가 공통적으로 인지하는 결함이 있다는 것, 품평회가 "건설적인 비평 담론 공간으로서의 가능성을 달성하지 못할 때가 많다"는 것, 그리고 "대다수 학생에 해당하는 가장 일관된 품평회 경험이 스트레스와 공포"라는 것이었다. 두 교수는 학생들에게 품평회를 생각하면 머릿속에 가장 먼저 떠오르는 단어가 무엇인지 물었다. 긍정적인 단어로 답한 학생은 8퍼센트에 불과한 한편, '작업량'이나 '판단'과 같은 비교적 중립적인 단어로 답한 학생의 비율이 42퍼센트를 차지했다. 그러나 그보다 많은 학생이 '두려움', '공포', '참담함', '무서움', '스트레스', '대치', '지옥'과 같은 부정적인 단어를 떠올렸다.

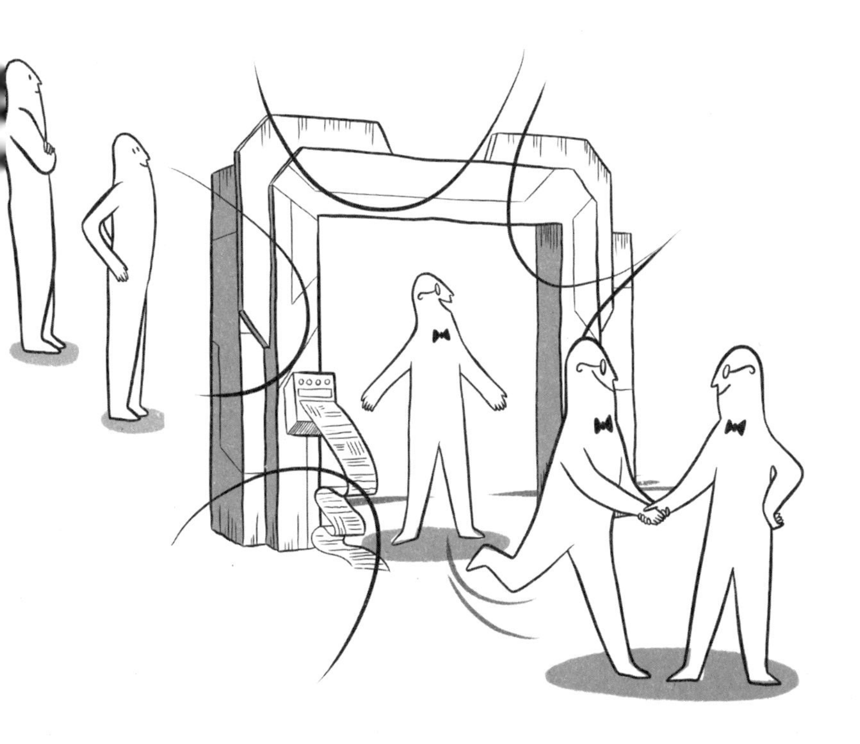

한 학생은 품평회에 어느 슈퍼스타 건축가가 참석했던 때를 회상했다. "〔그〕 손님이 학생들을 하나하나 무너뜨리고 있는데 학교는 그저 지켜보기만 했다. 〔그〕 지도 교수들은 손님을 너무나 존경하는 나머지 대신 나서서 자기 학생을 변호할 엄두도 내지 못했다.'

물론 모든 품평회가 나쁘다는 말은 아니다. 우리 스튜디오 소속 건축가들과 이야기를 나눠본 바, 몇몇은 금시초문이라고 주장했다. 긍정적이고 발전적인 품평회를 진행하는 대학교도 있으리라고 믿어 의심치 않는다. 다만 나는 품평회가 동료 학생들 앞에서 치러지는 만큼 굴욕감을 유발할 수 있다는 점이 우려된다. 학생들은 본인만의 미적 취향을 개발하기보다 본능적으로 마치 판관처럼 눈앞에 앉아 있는 선배들의 취향을 모방하려 들 것이다. 사라와 파넬 교수의 연구에 참여한 학생 하나가 고백하기를, 자기들은 "'교수님이 원하는 게 무엇인지'만 생각하고 거기에만 신경 쓴다." 다른 학생은 품평회가 "지도 교수와 품평회 초대 손님의 가치 체계 및 관련 지식을 학생에게 주입시키는 '조형 도구'가 될 '부정적 가능성'이 있다."고 묘사했다.

2019년, 일군의 건축 교육자는 "품평회가 창조성이 아닌 순응성을 부추기고, 열린 학습이라는 이상이 아닌 지배적인 문화 패러다임에 복무한다는 사실이 경험적·비판적으로 입증됨"을 밝혀냈다.

세계를 질식시키고 있는 따분함의 왕국에서 창조성이 아닌 순응성을 마주하게 되는 것은 결코 우연일 리 없다.

이론가

대학 과정에서 엘리트 건축 이론가의 연구만 너무 강조한다는 생각도 든다. 열정적인 학생이라면 자크 데리다Jacques Derrida와 같은 사상가의 저술을 읽어보라는 부추김을 받게 되는데, 데리다는 건축에 관한 사유를 다음과 같은 언어로 표현한다.

"여기서 우리는 누군가가 지배적인 은유의 사용역register이라고 치부할, 실로 '해체deconstruction'의 우화적 성향을 띠는 어떤 건축적인 수사법을 본다. 먼저 건축술architectonics, 체계의 예술에서 태초부터 건축의 일관성과 내부 질서를 위협하는 '간과된 모퉁이'와 '결함 있는 모퉁잇돌'을 찾는다. 그러나 그것은 말 그대로 모퉁잇돌이다! 모퉁잇돌은 건축에 필수적임에도 불구하고 내부에서부터 미리 건축을 해체한다. 가시적이면서도 비가시적인 방식으로 (즉, 모퉁이에) 도래할 해체의 공간을 선취한 채 응집력을 보장한다. 해체의 지렛대를 효율적으로 집어넣기에 가장 좋은 지점이 모퉁잇돌이다. 여타 유사한 장소가 가능할 수 있음에도 이 하나가 특권적인 이유는 건축물을 완성하는 데 필수적이라는 사실에 있다. 수립된 건축물의 벽을 지탱하는 일, 다시 말해 건립의 조건으로서, 그것은 또한 건축물을 유지한다고, 건축물을 함유한다고, 그리고 건축술적 체계의 일반성, 즉 '전체 시스템'에 버금간다고 할 수 있다."

많은 사람들이 이렇게 말도 안 되는 방식으로 글을 쓰고 이야기함으로써 찬사를 받는다. 젊은 건축가들은 모더니스트가 개발한 이 전통을 적극적으로 이어 가면서 '감각적이기보다 이지적'인, 비범한 아름다움이나 흥미로운 발상 혹은 즐거움이라는 감정으로 대중의 흥미를 끌고 소통하기보다는 인상적이고 모호한 사유로 서로에게 똑똑하게 보이는 것을 목표로 작업한다. 이는 가슴의 말을 무시하고 오로지 머리로만 살아가는 결과로 이어진다. 현실의 사람들 자체, 또한 언젠가 만들게 된 건물을 그 현실의 사람들이 어떻게 경험하고 즐길지는 더이상 중요하지 않다. 건물이 자신의 이론에 어떻게 부합하는지만이 중요해졌기 때문이다.

바로 이런 과정이 낳은 것이다. 의미를 헤아릴 수 없는 글과 추상적인 형태, 움찔대는 기계가 있던 십대 시절 기억 속 그 전시회를, 그리고 달나라의 외다리 남자를 위해 지나치게 가설적이고 엉뚱한 집을 설계하느라 몇 주간 고통받던 학생들을.

누군가 주입식 교육을 하는 학계 지도자에 대항하여 학생에게 일반 대중을 만족시킬 실용적인 건물을 설계하도록 가르친다면, 짐작건대 아마 건축계를 하향 평준화한다는 비난을 피할 수 없을 것이다.

그러나 나는 대중을 고려하는 건물 디자이너들이 건축계를 하향 평준화한다고 생각하지 않는다.

오히려 잘못 교육받은 전문가들이 상향 바보화를 했다고 생각한다. 지식의 막다른 골목에 갇힌 채 새로운 세대의 학생들에게 판에 박힌 비인간적 가치를 퍼뜨리고 있다. 이런 교육으로 학생은 동일한 지도 교수의 최신판이 되고, 같은 접근법이 끝없이 이어진다.

이처럼 잘못된 교육 시스템이 배출한 학생들이 세계 각지에서 자신의 이념을 다른 사람에게 강요하고, 자기들은 말할 바가 충분하다고 믿지만 실상 하나같이 치명적으로 따분할 뿐인 건물을 만들고 있다.

건축 교육은 제 일을 한다.

과거의 건축가가 생각했던 것을 새로운 버전으로 생각하게 하고, 건축가들이 그 아름다움에 동의할 수 있는 건물을 짓는 건축가를 양산한다.

하지만 이미 보았듯 문제는 실제로 '아름다운' 건물이 무엇인지에 대해 건축계와 대중이 합의하지 못한다는 데 있다. 이에 주목한 영국의 심리학자 데이비드 핼펀 박사('넛지 유닛Nudge Unit'이라고 알려진 유명 사회적 조직인 행동통찰팀Behavioral Insights Team의 수장)는 문제가 발생한 경위를 조사해 보기로 했다.

우선 건축가와 대중의 취향이 실제로 양분되는지 이해할 필요가 있었다. 박사는 건축학도와 대중을 대상으로 인물 사진 몇 장와 건물 사진 몇 장을 차례로 보여준 뒤 각각의 매력도를 평가토록 했다.

누가 누구와 동의하는지 알고자 한 것이다.

인물 매력도 평가에서는 건축가와 비건축가 사이의 상관관계가 '매우 높은' 것으로 나타났다. 아름다운 사람에 관해서는 모두 꽤나 일관적인 의견을 가졌던 것이다.

하지만 건물 매력도의 경우, 두 집단 간의 상관관계가 '낮고 미미한' 것으로 나타났다. '건물 매력도와 관련하여 건축가 집단 내에서는 모두 같은 의견이었고 비건축가 집단 내 의견 역시 동일했으나, 두 집단의 선호도는 거의 일치하지 않았다'는 의미이다.

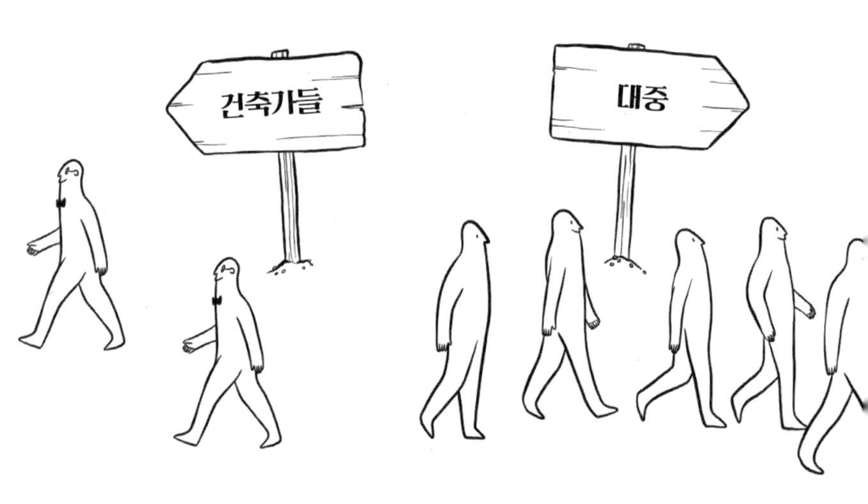

취향의 격차가 이다지도 극명한 이유가 무엇일까? 핼펀은 7년에 걸친 건축 교육이 일률적 사상을 주입시킨다는 증거를 찾아냈다. 학생들의 취향이 어떤 경로로 진화했는지 조사한 박사는 대학에서 보낸 시간이 길수록 일반 대중이 생각하는 아름다움으로부터 멀어진다는 결과를 얻었다. "신입생과 일반 대중 간의 격차는 (여전히 유의미한 수준이긴 해도) 비교적 작았지만, 고학년의 경우 그 격차가 현저히 벌어졌다."

교육의 탈을 쓴 사상 주입 과정을 핼펀은 디자이너의 역설이라고 묘사하며 다음과 같이 설명한다. "건축가가 자기 마음에 쏙 드는 건물을 설계한다고 할 때, 일반 대중은 건축가가 마음에 들어하는 바로 그 이유 때문에 건물이 마음에 들지 않을 가능성이 높다."

핼펀의 연구는 내가 우려하는 바로 그 지점, 즉 건축 교육이 창의성이 아닌 맹목적 순응을 조장할 수 있다는 사실을 증명한다.

이런 종류의 사상 주입을 일컫는 말이 있다.

세뇌.

모더니즘 건축은 컬트다

컬트는 지도자가 설정한 특정 신념과 관습에 따라 살아감으로써 더 넓은 세상으로부터 스스로를 분리하는 배타적인 집단이다.

컬트의 신념과 관습은 일반인의 신념 내지 관습과 근본적으로 다를 수밖에 없는데, 바로 이런 차이가 컬트 신도로 하여금 자기가 깨우친 존재, 일반인과 다른 존재라고 믿게 한다.

컬트 신도는 신비로운 신념을 엄격하게 준수해야만 컬트 내에서 승인과 지위를 획득할 수 있다.

바로 이 점에서 신념의 기이함과 신도의 순응성으로 컬트를 구분해 낼 수 있는 것이다.

외부 세계는 무지하고 열등하기에 컬트 신도는 외부 세계의 인정을 구하지 않는다. 대신, 그들은 서로를 바라보며 지도자의 가르침에 의지한다. 많은 경우 승인과 깨우침을 얻기 위해 반드시 공부해야 하는 자신들만의 모호한 경전을 가지고 있다.

우리는 273쪽에서 자크 데리다의 이상하고 난해한 글을 접했다. 자크 데리다의 글을 통일교로 잘 알려진 세계평화통일가정연합의 창시자인 문선명의 다음 글과 비교해 보라.

"수평의 시대에 들어서면 갈등은 어떻게 되는가? 수평은 평온의 장소이다. 갈등은 없을 것이다. 만조가 되어 가장 높은 지점에 이르면 움직임도 갈등도 없는 평평한 수평을 이루는 조수 같은 것이다. 만조의 순간이 지나면 물이 물러나기 시작하고 움직임을 재개한다. 물이 물러나는데 조수가 들어와 수평을 이루었다는 것을 깨닫지 못하는 사람들은 조수가 빠지기 시작할 때도 그것을 깨닫지 못한다. 시간이 지나면 물은 완전히 빠져나가 가장 낮은 간조에서 또 다른 수평을 형성한다. 그러고는 다시금 들어오기 시작한다. 이러한 움직임은 항상 'X'를 형성한다. 수평에 도달한 후 다시 내려온다. 이렇게 형성된 수평은 먼저 왼쪽으로 이동하고 왼쪽으로 이동한 후에는 되돌아와 오른쪽을 찾는다. 그러면 'O'와 'X'의 기준이 모두 합쳐진다. 그러나 대신 무슨 일이 일어났는가? 'X'라는 것은 통과할 수 없고, 작동하지 않는다."

모더니스트 건축가는 깨우침을 얻기 위해 특별한 텍스트를 연구하고 그들만의 특별한 언어로 말하기도 한다. 내부자 언어를 학습하는 것은 모든 컬트에서 공통적으로 행해지는 세뇌 과정의 일환이다. 내부자 언어는 공동체라는 감각을 만들어 내며, 공동체의 일원들이 서로를 식별하고 깨우침에 이르지 못한 외부인을 배제하도록 한다. 또한 광신도만이 거주하는 이상한 대체 현실의 형성에도 일조하는데, 일례로 헤븐스 게이트Heaven's Gate라는 컬트는 와이오밍에 위치한 자신들의 본거지를 '더 크래프트the craft'라고 불렀다. 주방은 '영양-연구실', 세탁실은 '섬유-연구실'이었다. 라엘리즘Raëlism이라는 컬트의 추종자들은 자칭 '세포 계획의 전이'라는 안수 세례를 행한다.

모더니즘이라는 컬트는 다음과 같은 난해한 언어를 사용함으로써 따분함을 숭배하는 기이한 현실을 만들어 낸다.

Fenestration (windows 창문)

Soffit (ceiling 천장)

Piloti (column 기둥)

Spandrel (side panel 측면 패널)

Curvilinear (curving 곡선적)

Resi (residential 주거)

Mullion (window bar 문설주)

Skin (outside of a building 건물 외피)

Cantilever (unsupported structure 외팔보 구조)

Envelope (outside of a building 건물 외피)

Vernacular (local tradition 지역 전통)

Genius Loci (spirit of a place 장소의 혼)

Façade (building face 건물 정면)

Charette (group design session 그룹 디자인 세션)

Contiguous with (next to ~에 인접한)

Enfilade (connected rooms 연결된 방)

Spatial enclosure (room 방)

Rill (stream 실개천)

Loggia (inset balcony 들인 발코니)

Negative space (gap 공백)

Typology (type 유형)

Bifurcate (separate 갈라지다)

Parti (a building's organising principle 건물의 구성 원리)

혹자는 이런 종류의 언어를 가리켜

'건축학개-소리archibollocks'라고 부른다.

모더니즘 숭배에 세뇌된 것은 비단 건축가뿐만이 아니다.

따분하든 흥미롭든 전 세계 많은 건물은 건축가가 설계하지 않았다. 나는 건축가가 아니다. 르 코르뷔지에도, 미스 반 데어 로에도 마찬가지다. 영국에서는 '건축가architect'라는 직함이 법으로 보호된다. 스스로를 건축가라고 부르려면 건축가 등록 위원회Acrhitets Registration Board의 승인을 받아야 한다. 1997년 건축사법 20조에 따르면 이 직함은 올바른 교육, 훈련 및 경험을 갖춘 사람만 사용할 수 있다. (2018년에는 누군가 나를 건축가라고 불렀다는 이유로 건축가 등록 위원회의 조사관이 협박 편지를 보내왔다. "해당 표현을 거듭 사용할 시 형사 처벌이 따를 수 있으므로 가급적 빠른 수정이 필요하다"는 내용이었다.)

다른 나라도 상황은 다르지 않다. 태국에서 건축은 보호받는 직종이며, 미국에서는 주에서 면허를 취득하지 않으면 건축가라고 부르는 것이 위법이다. 건축학 학위를 취득한 후 수년간의 견습 과정을 거쳐 미국 건축가 협회American Institute of Architects가 시행하는 여러 과목의 시험을 통과해야 자신을 건축가라고 부를 수 있다. 콜롬비아에서는 5년제 학위를 마치고 시험을 통과해야 한다. 이탈리아에서는 건축학 석사 학위와 '국가 시험Esame di Stato'이라 불리는 다과목 시험에 합격한 후 건축가 등록 위원회에 등록해야 하며, 네덜란드에서는 공인된 대학에서 5년제 학위를 취득하거나 그에 준하는 경력이 있어야 건축가 등록국Architects Registration

Bureau 시험에 응시할 수 있다.

이러니 스스로를 아키텍트, 즉 건축가라고 부르기란 쉽지 않은 일이다. 세계 어느 곳에서든, 결국 충분한 시간과 자원을 가진 사람만이 이메일 말미에 건축가architect라고 서명할 권리를 얻게 되는 것이다. 영국의 전체 주택 중 불과 6퍼센트, 미국의 경우 고작 1~2퍼센트만이 실제 건축가에 의해 설계된 이유가 바로 이것이다.

그렇다고 해서 건축가가 따분함의 확산에 주도적인 역할을 하지 않는다는 뜻은 아니다. 영국 교외 지역에 지어지는 수십만 채의 천편일률적 주택을 설계하지는 않을지 몰라도, 매년 학교·쇼핑 센터·병원과 같은 공공 건물뿐만 아니라 마을과 도시의 주요 프로젝트에 참여한다. 건축가가 대화를 주도한다. 건축가는 영향력을 행사하는 사람들로, 그 의견·취향·수상 경력이 아래로 낙수 효과를 일으키며 더 넓은 업계에 영향을 미친다.

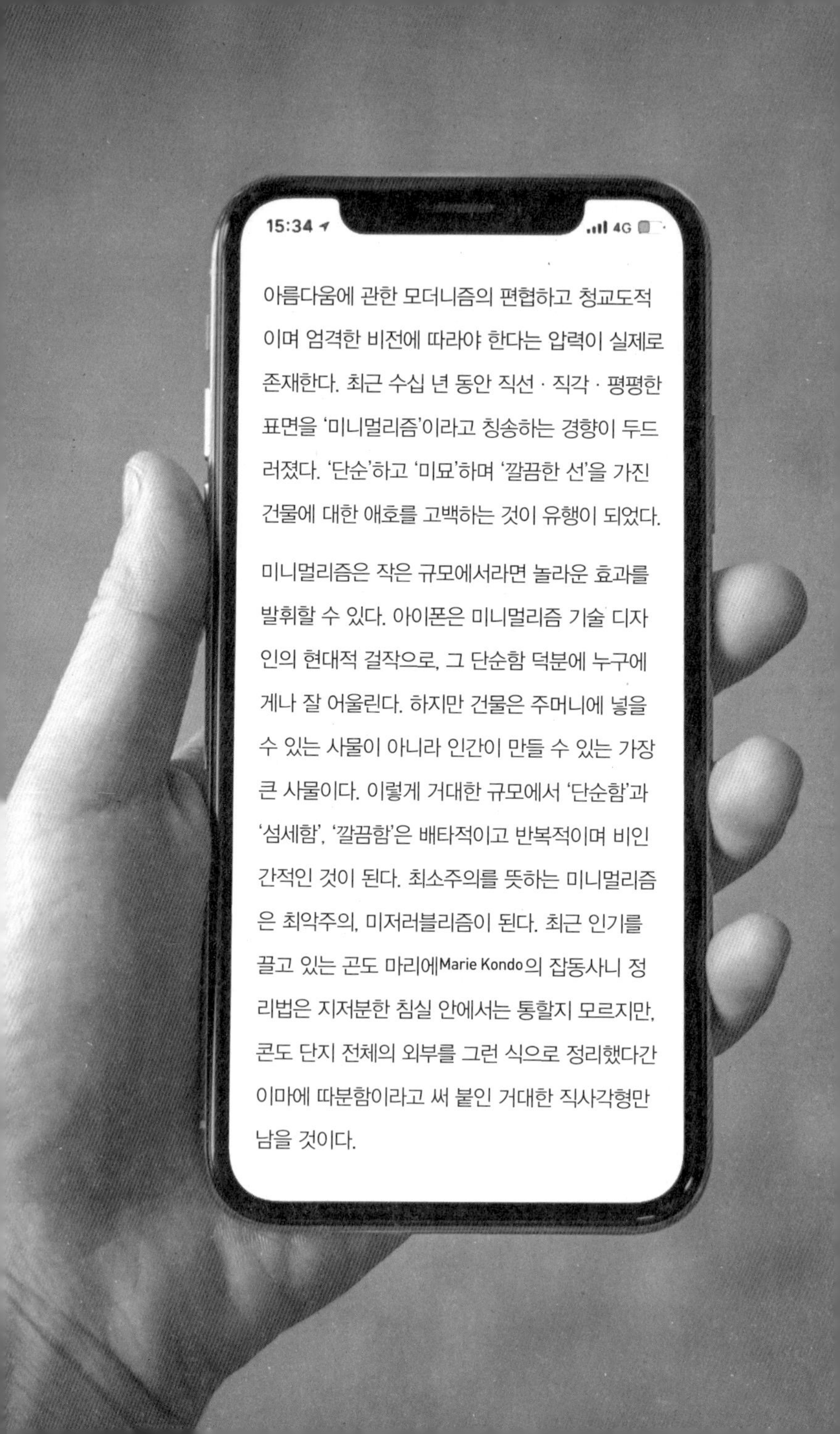

아름다움에 관한 모더니즘의 편협하고 청교도적이며 엄격한 비전에 따라야 한다는 압력이 실제로 존재한다. 최근 수십 년 동안 직선 · 직각 · 평평한 표면을 '미니멀리즘'이라고 칭송하는 경향이 두드러졌다. '단순'하고 '미묘'하며 '깔끔한 선'을 가진 건물에 대한 애호를 고백하는 것이 유행이 되었다.

미니멀리즘은 작은 규모에서라면 놀라운 효과를 발휘할 수 있다. 아이폰은 미니멀리즘 기술 디자인의 현대적 걸작으로, 그 단순함 덕분에 누구에게나 잘 어울린다. 하지만 건물은 주머니에 넣을 수 있는 사물이 아니라 인간이 만들 수 있는 가장 큰 사물이다. 이렇게 거대한 규모에서 '단순함'과 '섬세함', '깔끔함'은 배타적이고 반복적이며 비인간적인 것이 된다. 최소주의를 뜻하는 미니멀리즘은 최악주의, 미저러블리즘이 된다. 최근 인기를 끌고 있는 곤도 마리에Marie Kondo의 잡동사니 정리법은 지저분한 침실 안에서는 통할지 모르지만, 콘도 단지 전체의 외부를 그런 식으로 정리했다간 이마에 따분함이라고 써 붙인 거대한 직사각형만 남을 것이다.

'자아가 비대해'

'영원성이 없어'

'엄밀하지 않아'

'지나쳐'

'조잡해'

'한 줄 평이면 충분'

그러나 지적 우월감의 분위기가 그런 건물을 에워싸고 있기 때문에 소리 내어 건물의 밋밋함을 지적하는 일은 두려울 수 있다. 혹여 다른 사람들, 특히 건축 분야에서 훈련된 건축가와 건축 비평가가 자신을 어리석다고 여길까 두려워하는 것이다. 그래서 그들은 따분한 것을 칭송하면서 정작 흥미로운 것을 못마땅한 눈으로 바라본다. 거기서 거기인 모욕으로 콧방귀나 뀌면서.

'애쓴다'

'과해'

'야단스러워'

'수준 낮아'

'과잉 설계'

'시끄러워'

'허영만 한가득'

모더니즘은 하인즈Heinz food 같은 데가 있다. '57종'이나 된다. 풍미도 갈래도 다양하다. 만약 당신이 20세기 건축 양식 전문가라면 포스트 모더니즘이나 브루탈리즘 같은 모더니즘의 다른 주요 지류를 무시하는 처사라고 반박할 수도 있겠다.

자, 여기 언급한 건축 양식의 몇 가지 예가 있다.

포스트 모더니즘

브루탈리즘

정식 교육을 이수하고 각 양식 간의 차이를 간파하도록 훈련받은 이라면 위 사진을 보고 근본에서부터 완전히 다른 건물이라고 여길 것이다.

물론 소수의 예외도 존재하지만, 아무리 눈을 찡그려 봐도 여전히 나에겐 너무 평평하고, 너무 밋밋하고, 너무 단조로운 건물만이 보일뿐이다.

갖가지 맛의 따분함.

1923년, 르 코르뷔지에는 건축이 '갑갑한 관습에 억눌린 상태'에 있다고 불평했다. 그로부터 한 세기가 지난 지금 이 말은 다시 한 번 진실이 되었다. 다만 이제는 지나간 르 코르뷔지에의 시대가 남긴 관습에 억눌려 있다는 점만 다르달까.

모더니스트들은 자신을 비난하는 이들이 과거에 갇혀 있다고 되받는다. 하지만 오늘날 앞장서서 닳아빠진 구시대적 클리셰를 구축 및 재건하고자 하는 패스티쉬pastiche 장사꾼은 다름 아닌 모더니스트들이다. 모더니스트야말로 과거에 갇혀 있다. 철 지난 유행에 사로잡혀, 그저 '현대'를 뜻하는 '모던modern'이라는 단어가 이름에 붙어 있다는 이유만으로 그런 건축이 아직도 현대적이라고 믿으면서. 그렇게 세뇌된 채로.

모더니즘이라는 컬트는 우리를 영원히 20세기에 매어두려 한다. 모더니즘은 미학의 시체다. '지금'을 뜻하는 단어를 내세우면서 '그때'를 말하는 건물을 만들어 낸다.

지금까지 모더니즘 건축 문화와 그것이 교육이라는 힘으로, 특정 취향과 의견의 지배로 산업 전반에 스며들어 세대에 걸쳐 정신에 미치는 영향을 살펴보았다.

하지만 모더니즘적 시각과 그 모든 파생물이 다른 방식으로 유용하지 않았다면 그리도 오래 고착화되진 않았을 것이다.

여기서 말하는 '다른 방식'은 특히 이 한 가지 방식을 의미한다.

왜 어딜 봐도

THE UNITED STATES OF AMERICA
ONE
IN GOD WE TRUST
K 91301786 A
FEDERAL RESERVE NOTE
THIS NOTE IS LEGAL TENDER
FOR ALL DEBTS, PUBLIC AND PRIVATE

이윤 같을까?

FEDERAL RESERVE NOTE
THE UNITED STATES OF AMERICA
THIS NOTE IS LEGAL TENDER
FOR ALL DEBTS, PUBLIC AND PRIVATE
K 91301786 A
WASHINGTON, D.C.
ONE
ANNUIT COEPTIS

19세기, 산업화가 시작되면서 세계는 더 산업적으로 보이기 시작했다. 20세기, 부가 축적되면서 세계는 더 이윤처럼 보이기 시작했다.

산업혁명은 장인 건축에서 대량 생산으로의 쓰나미 같은 변화를 촉발했다. 새로운 재료와 건축 공법의 개발은 필연적으로 건물의 크기·모양·양식에 영향을 미쳤다. 철·단조강·철근 콘크리트의 새로운 작업 방식으로 훨씬 더 높은 구조물을 지을 수 있게 되었다. 벽돌 벽 대신 철골로 건물을 지을 수 있게 되면서 외벽 전체를 유리로 덮을 수 있게 되었다. 엘리베이터의 발명으로 고층에 쉽게 접근할 수 있게 되었고, 전기 조명과 에어컨의 발명으로 사람들이 더 이상 창가 근처에 있을 필요가 없어져 건물을 더 깊게 지을 수 있게 되었다.

AIR CONDITIONING

The Latest in Home Comforts

M. Bolen

[illegible]

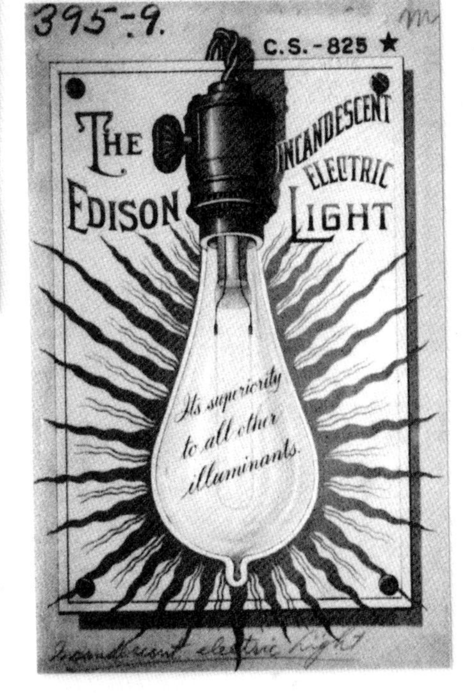

새로운 교통 네트워크의 확산 같은 범세계적 혁신도 영향을 미쳤다. 건축가 겸 교수인 아담 샤Adam Sharr에게 있어 유럽과 북미를 가로지르는 철도의 도래는 〈생 라자르 역〉(1877)이라는 제목으로 파리의 기차 창고를 그린 유명 화가 클로드 모네를 비롯하여 '사람들의 상상력을 사로잡았다'고 할 수 있다.

기술력과 내부 골조를 공개적으로 드러내는 실용주의적 양식은 미래적인 인상으로 전율을 일으켰고, 에펠탑(1889)이 그 환상적인 예이다.

그러던 중 제2차

세계대전이 발발했다.

영국에서만 백만 채 이상의 주택과 아파트가 파괴되었고, 독일에서는 전체 주택의 70퍼센트가, 일본에서는 19퍼센트가 가루가 되었다. 종전 직후에는 수백만 명이 폭격으로 집을 잃은 상태였을 뿐 아니라 베이비붐으로 세계 인구가 급격히 늘고 있었다. 값싸고 짓기 간편한 주택의 수요가 급격히 생겨난 것이다. 사려 깊게 벽돌을 하나씩 쌓아가며 집을 지을 만한 시간은 없어 보였다. 불가피하게 생산과 산업 기술을 받아들여야만 했다. 쉽게 얻을 수 있는 조립식 재료의 활용하면 놀라우리만치 빠른 속도로 건물을 세울 수 있었다.

많은 사람들은 지나간 과거를 떠올리고 싶지 않아 했다. 집과 병원, 학교, 사무실 역시 예전과는 달라 보이길 원했다. 과거가 반갑지 않았던 만큼 과거의 건축 양식도 환영받지 못했다.

Aus Sachsen für Berlin!
ALLE BAUEN MIT
AM NATIONALEN AUFBAUPROGRAMM

건축가 크리스토프 매클러Christoph Mäckler가 말하길, 독일에서는 "기둥 두 개를 인접하게 세우기만 해도 파시스트 취급을 받았다." 그의 아버지이자 독일의 모더니즘적 재건 사업에 적극 참여한 마스터 빌더인 헤르만 매클러Hermann Mäckler는 한때 프랑크푸르트의 성당에 평지붕을 씌워야 한다고 주장한 바 있다. 크리스토프는 아버지 세대가 새롭고 '정직한' 도시를 만들고자 간절히 열망한 나머지, 살기 좋은 도시가 곧 "아름다움에 관한 것이며 아름다움은 건축이 자리하는 장소의 역사와 뗄 수 없다"는 사실을 잊었다고 말했다.

독일의 전후 재건 과정은 1년 새 무려 71만 4천 세대의 아파트를 지을 정도로 광적이었다. 종전 후 15년이 지난 시점, 서독 내에만 5백만 세대가 넘는 아파트가 지어졌다. 독일 잡지 〈슈피겔Der Spiegel〉은 그 시기를 다음의 말로 묘사한다. "할 일은 끝이 없어 보였고 지천에 널린 게 돈이었다." "그러나 결과는 결코 인상적이지 않았다. 대량 생산된 건물은 전쟁 전 같은 자리에 있던 건물에 비해 형편없는 평가를 받았다." 새롭게 탄생한 여러 커뮤니티가 도시에 대한 르 코르뷔지에의 모더니즘적 이상에서 영감을 받았다. "그들은 역사적인 도시의 '혼란함'보다는 '명료함'을 제공하고자 했다. 안타까운 부분은 깨끗하게 신축된 교외와 위성 소도시가 더 나은 삶의 질을 보장하지 못했다는 것이다. 외려 멸균된 환경은 외로움과 권태감을 자아냈다. 영혼 없는 게토로 이주해 온 많은 사람들은 머지 않아 예전 도시의 익숙하고 혼란스럽던 터전을 애타게 그리워하게 되었다."

새로운 모더니즘 별세계를 향한 열망은 그렇게 폐허가 된 유럽의 마을과 도시 전체에 퍼져나갔고, 따분한 양식의 건물은 비단 폭격을 맞은 곳에만 들어서지 않았다. 영국에서는 빅토리아, 조지 에드워드 시대의 주택이 내부 배관 등의 시설을 갖추는 식으로 현대화되기보다는 '슬럼'으로 치부되어 철거되었다. 전쟁 전에 지어진 건물들이 도대체 무슨 죄가 있어서 이런 운명을 맞이해야만 했을까? 건축 작가 폴 핀치Paul Finch가 지적하듯, "슬럼의 핵심은 집이 아니라 그 집에 사는 사람의 수다. 조지안식 테라스 주택에 50명이 살면 그게 슬럼이다. 4인 가족인 경우 호화로운 별장이겠고."

황량한 외관은 차치하고서도, 이렇게 새로 지어진 건물은 집에 요구되는 가장 기본적인 기능도 제대로 하지 못하는 경우가 잦았다. 폴의 말을 옮기면, "노골적인 기술 실패 사례가 존재했다…이를테면 지역 당국이 지은 주택 단지는 결로와 곰팡이 발생으로 문제가 되었는데, 이는 이미 1940년대 말 행해진 바 있는 연구 결과를 간과한 결과이다. 엄격한 단열 시스템을 도입하면서 환기는 충분히 고려하지 않아 공간 전체가 습기에 취약해진 것이다."

전후 베를린에 건설 중인 주택, 1950년

20세기 후반에는 새로운 모더니즘 건축 양식이 유럽과 나머지 세계를 휩쓸었다. 따분함은 수십 년에 걸쳐 황사마냥 여러 대륙에 퍼져나갔고, 그 공격적인 공허함으로 수백만의 사람을 질식시켰다. 신축이 발생하는 곳이라면 어디서든 소위 모더니즘적 국제 양식International Style을 채택하는 게 일반이었다. 옛 건물과 거리, 동네는 허물어졌고, 대부분의 고층 아파트와 주택 단지는 붐비는 도심 편의 시설에서 한참 떨어진 곳에 자리를 잡게 되었다.

이러한 혁명을 몸소 겪은 스코틀랜드의 유명 코미디언 빌리 코놀리Billy Connolly는 그가 원래 거주하던 글래스고 거리가 허물어질 때의 때의 감정을 생생하게 묘사했다. 1956년, 코놀리는 가족과 함께 살던 도심 아파트에서 도시 서쪽으로 5마일 떨어진 신축 주택 단지로 강제 이주했다.

코놀리는 수만 명의 글래스고인이 처한 당시의 상황을 이렇게 회고한다. "우리가 사는 곳이 슬럼이라 나가야 한다는 말을 들었다. 그래서 나갔다. 시골에 위치한 드럼채플이라는 또 다른 슬럼으로. 이제 우리 집에는 내부 배관이 있었다. 문제는 그거 빼고 나머지가 다 개판이었다는 점이다. 그들이 데려다놓은 곳에는 편의시설이랄 게 하나도 없었다. 영화관도, 극장도, 카페도, 매장도, 교회도, 학교도 없이 달랑 주택만 있는 곳에 수천 명을 이주시킨 건 범죄였다. 새집으로 들어가는 거야 좋다. 하지만 새집, 그거 하나가 전부일 때는 아니다. 아침에 일어나서, 일하러 갔다가, 집에 돌아와 바로 잠자리에 든다.

잘 생각해보면 끔찍한 내막이 있다. 우리를 이용해먹으려는 더러운 술수였던 것이다…비록 어린 나이에도 나는 카페·영화관·지역 공동체가 제정신으로 살아가는 데 얼마나 중요한지 알았다. 그런 게 전무한 곳에는 단조로움이 내려앉는다. 분노가 쌓인다. 이 분노를 정교하게 표현하는 방법을 모를 때 사람은 그냥 미쳐 돈다. 그래서 이 멋진 신세계를 누가 건축했냐고? 바로 조지안식 주택에 사는 도시 계획가들이었다."

빌리 코놀리

하지말 코놀리를 포함한 수만 명의 글래스고 강제 이주민 중 누구도 달리 할 수 있는 일이 없었다.

미래가 여기에 있었다.

그리고 그 미래는 따분했다.

이랬던 게

캐나다 토론토

영국 턴브리지웰스

미국 뉴욕

이렇게 됐다

세계를 통틀어, 우리는 돈에 엄청난 가치를 매긴다. 1967년, 미국 대학생 중 45퍼센트가 "금전적 부유함이 중요하다"고 말했다. 2004년이 되자 그 수치는 74퍼센트까지 오른다. 2015년발 심리학 여론 조사는 돈이 미국에서 주된 스트레스의 원인임을 밝혀냈다.

서구에만 국한되는 일은 아니다. 국제 여론 조사 기관 입소스가 범국가적으로 실시한 조사는 "성공해서 돈을 벌어야 한다는 부담을 크게" 느낀다는 데 동의하는 국민의 비율이 가장 높은 나라로 중국·남아프리카공화국·러시아·인도·튀르키예·대한민국을 꼽는다. 이와 비슷하게 "소유 자산을 성공의 척도로 삼을 가능성이 가장 높은" 국민의 나라 또한 중국·인도·튀르키예·브라질·대한민국임이 밝혀졌다.

돈벌이가 무엇에 가치를 부여하는 주요한 방법이 될 때, 돈벌이는 우리에게 있어 세상을 바라보는 렌즈이자 세상을 가늠하는 척도가 된다.

21세기 우리는 건물의 성공 여부를 어떻게 판단할까?

건물을 짓는 데 들어간 비용의 크기로?

건물주가 벌어들이는 임대료의 크기로?

아니면 건물을 팔고 남은 차익의 크기로?

AL RESERVE
D STATES OF
WASHINGTON
E DOLLA

건물은 금광이다. 실은 금광보다도 높은 수익을 낸다. 도시 지리학자인 새뮤얼 스타인Samuel Stein에 따르면, 지구상의 부동산 총액은 217조 달러이며 이는 "지금껏 금광에서 캐낸 모든 금을 합친 것의 36배 가치에 달한다. 건물은 세계 자산의 60퍼센트를 이루며, 그 가운데 약 75퍼센트가 주택 자산이다."

그러니까 건물과 돈이 불가분의 관계에 있다는 말이다. 거금을 얻고자 하는 이는 토지를 사들여 건물을 짓는다. 우리는 지구 전역에서 돈이 지배적인 가치가 되는 것을 보았고, 건물의 승패를 가름하는 기준으로서 건물이 내는 이윤의 크기가 부상하고 또 확산되는 것을 보았다.

이런 일이 아주 명백하게 일어난 나라 중 하나가 바로 내 본국이다. 폴 모렐Paul Morrell은 영국 정부의 첫 번째 건설 자문관으로, 건물의 성공을 이윤의 관점에서만 평가하는 행위를 멈춰야 한다고 한평생 주장해 왔다. 그는 따분한 건물의 문제가 "무엇보다도 개발 및 건설 산업 자체를 포함하여 대부분의 사람이 건축 자산의 가치를 어디에 두어야 하는지 전혀 알지 못하기 때문"이라고 말한다. "사무용 건물은 무엇보다도 사람들의 두뇌 능력을 원하지 않을까? 그렇다면 어떤 건물이 창조적 능력을 가장 잘 이끌어낼 수 있을까? 바로 거기에 가치를 두어야 하는 것이다.

건물이 병원이라면 치료받는 환자에, 교도소라면 사회로 재범의 우려 없이 사회로 무사히 복귀할 수감자의 수에 가치를 두어야 한다. '쌓아 올린다 치면 이 땅에서 최소한의 금액으로 몇 평이나 확보할 수 있을까?'를 물어서는 안 된다. '무엇이 효과적일까?'를 물어야 한다."

모더니즘이 오늘날까지 건재한 이유 중 하나는 그것이 염가-친화적이기 때문이다. 모더니즘은 실제로 이 건물과 살아가야 하는 이의 경험보다 돈의 가치를 더 높게 치는 건설 관계자에게 더없이 이상적인 방편이 된다.

스위스 지폐에 등장하는
따분함의 신

누이 좋고 매부 좋은
(누이도 안 좋고 매부도 안 좋은)

한 가지 슬픈 사실은 따분한 건물이 단기적으로는 더 높은 수익성을 보인다는 것이다. 평평하고, 단조롭고, 반복적인 건물을 만드는 게 두 번 볼 것도 없이 훨씬 저렴하다. 대다수의 부동산 개발업자는 건물 디자인에서 '불필요한' 비용 줄이기를 온 마음으로 좋아한다. 이를 건축계에서는 '가치 공학value engineering'이라 부른다. 가치 공학적 사고는 흥미롭고 창조적인 요소, 예컨대 출입구 위 곡선이나 벽 위 세부 장식을 비용 절감을 위해서라면 누락 가능한 불필요한 비용으로 바라본다.

가치 공학은 이 심심한 건물은 따분한 게 아니라 '깨우친' 건물이라고, 그 단순하고 미묘하며 절제된 깔끔한 선에는 논쟁의 여지가 없다는 말로 개발업자를 매혹함으로써 모더니즘 컬트와 공모

한다. 따라서 흥미로운 요소를 무자비하게 썰어냄으로써 부동산 개발업자는 더 부유해질 뿐만 아니라 지적 우월감까지 느끼게 된다. 그들 사이에서는 누이 좋고 매부 좋은 격이다.

(하지만 누이와 매부를 제외한 나머지 모두에게는 손해다.)

아래를 보면 런던 북부의 한 주택이 있다. 한때 가수 에이미 와인하우스가 살았던 집인데, 내 첫 스튜디오에서 모퉁이만 돌면 바로 나오는 곳이다.

자, 이 건물을 가치 공학적으로 따져 보자.

당신은 어떤 집이 마음에 드나? 장식 디테일이 그대로 남아 있는 본래의 맨 왼쪽 집? 아니면 맨 오른쪽? 아니면 그 사이?

위험 회피

따분함을 전파시킨 또 하나의 주요 요인은 건물이 지어지고 수십 년이 흐른 뒤에도 설계자가 지게 되어 있는 법적 책임에 있다. 따라서 신중을 기하는 것은 설계자에게 이득이 된다. 그리하여 예컨대 자기만의 독특한 창을 설계하기보다 전문 제조업체가 생산하는 표준 '창문 시스템'을 택하게 되는 것이다. 이 경우 창문 자체에 대한 법적 책임은 건축가가 아닌 제조업체에 있다. 현대식 건물을 만드는 데 쓰이는 여타 주요 부재와 구성품에 대해서도 마찬가지다. 벽체부터 엘리베이터까지도. 그런 구성 요소는 특정 프로젝트에 맞춰 새롭게 설계되는 경우가 드물고, 대신 표준 '시스템'이나 '제품'을 조합한 모음이 건물을 형성한다. 따라서 그것들은 가급적 다양한 프로젝트에 적용 가능하도록 설계되는데, 말인 즉 보통 밋밋하고 획일적인 외관을 띠게 된다는 것이다.

이런 종류의 제품이나 시스템, 가령 커튼 월 시스템 등을 채택한 건물은 지속력이 떨어지는 경우가 왕왕 있다. 대량 생산 제품이으레 그렇듯 보수가 어렵기 때문이다. 보통 대량 생산 제품의 교체 및 수리는 원 제조업체만 할 수 있기 마련인데, 정작 10년쯤 지나면 원 제조업체 측의 사정으로 해당 제품의 생산이 중단되거나 심지어 20~30년 후에는 업체 자체가 사라지는 경우도 있다.

부동산 중개인

우리 주변 세계의 구성에 지대한 영향을 끼치는 또 하나의 힘, 부동산 중개인은 개발업자에게 뭘 팔거나 임대할 수 있는지 알려준다. 따라서 개발업자와 건물 설계자의 진짜 '고객'은 아파트나 주택을 구입하여 그곳에 거주하게 될 어떤 가족(그리고 건물의 외부를 경험하게 될 수백만 명의 우리)이 아니라 잠재 고객을 전부 한데 묶어주는 부동산 중개인이라고 할 수 있다. 또한 일반적으로 부동산은 공급자에게 유리한 시장인데, 세계적인 부동산 부족으로 낮은 품질에도 그 희소성으로 인해 가치가 상승하기 때문이다. 따라서 상업적인 의도로 신축 건물에 돈을 대는 사람들은 공간의 내부에 집중하는 경향이 있다. 부동산은 외관이 아무리 칙칙해 보여도 어차피 팔리기 때문에 크게 신경 쓸 필요가 없는 것이다.

어느 부동산 중개인에게 집의 겉모습에 더 신경 써야 한다고 말한다면 아마 '왜요? 어떤 집을 주든 다 팔 자신 있어요'라고 대답할 것이다. 외부를 개선하는 데 드는 시간과 돈이 그만큼의 경제적 혜택으로 돌아오지 않는다는 사실을 깨달을 때 무서운 기분이 된다.

설계-시공 일괄 계약

주요 공공건물 프로젝트의 설계 담당자가 늘 건축가인 것은 아니다. 요즘에는 의뢰인, 즉 건축주가 건설 회사에 의뢰하여 건축가를 직접 임명하고 통제하는 경우가 점점 더 많아지고 있다. 이런 방식은 국비 지원 프로젝트에서 채택될 때가 많은데, 건물 설계자에 대한 통제권을 제한하는 등 다양한 요인이 지방 당국으로 하여금 재정적 위험을 줄일 수 있다고 생각케 하기 때문이다. 이런 '설계-시공 일괄design and build' 계약은 의뢰인이 다루기에 더 간편한 방식이지만, 무심코 시간과 돈을 우선하게 되는 경우가 많아 창의력은 거의 항상 맥을 못 추게 된다.

....

서명(인)

....

공증(인)

효율성에 대한 집착

건설 업계는 언제나 '효율성'을 이야기한다. 효율성은 지을 수 있는 건물의 면적과 그 부대 비용, 그리고 실제로 누군가에게 팔거나 빌려줄 수 있는 면적 사이의 차이를 의미한다. 공동 주택 프로젝트를 예로 들면, 이 경우 마케팅 팀의 주요 과제는 분양할 수 없는 공용 복도를 가능한 한 짧고 좁게 만드는 것이 된다.

효율성은 내부 공간의 크기를 극대화하는 것을 의미하기도 하며, 이는 필연적으로 상자스러운 외관을 부추긴다. 토지는 자산이고, 부지에는 일반적으로 곧게 뻗은 건축 한계선이 있다. 시 당국은 거의 매번 고도에 제한을 두기 때문에 개발업자나 건물 설계자는 건물을 가급적 최대 폭으로 앉힘으로써 공간을 남김없이 활용하려고 노력하기 마련이다. 이로써 모든 것이 밀려나 평평한 사각이 되는 것이다.

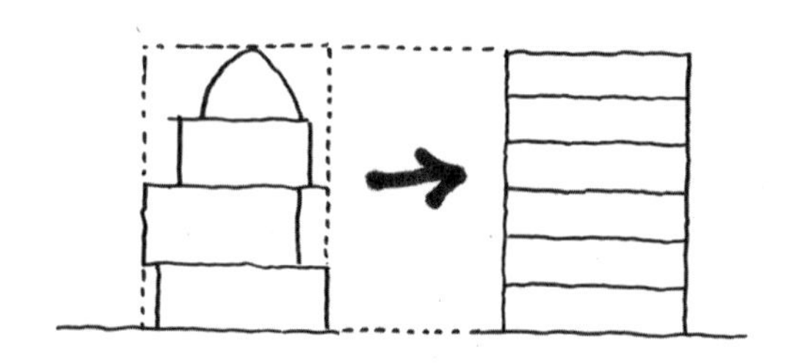

모든 부지의 가장자리에 눈으로는 볼 수 없는 극히 평평한 유리 상자가 있다고 상상해 보자. 판매할 내부 면적을 가장 '효율적으로' 확보하려면 건물의 표면이 보이지 않는 유리 면에 닿아 최대한 평평해지도록 외부의 입체감을 모조리 없애야 한다. 마찬가지로, 내부에서도 판매할 공간이 가장 커 보이게 하려면 벽 개구부의 안쪽으로부터 창문과 창틀을 가급적 멀리 밀어내야 한다. 그 결과 유리가 거의 평평해지고 건물의 외벽면과 정렬된다.

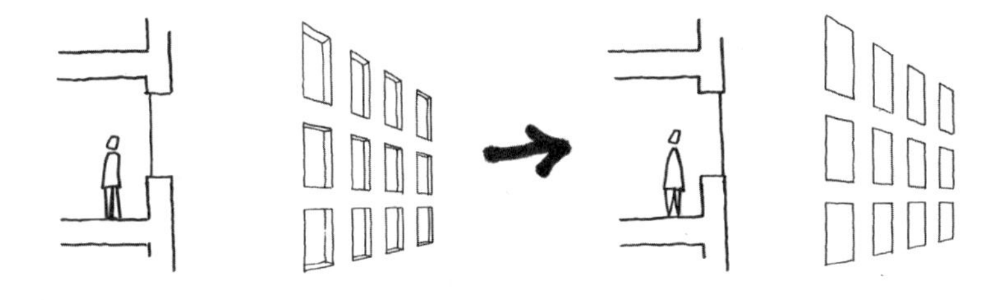

안타깝게도 도시의 거리에서는 창문이 건물 외벽면과 정렬하지 않을 때, 평평하지 않고 일직선이 아닐 때 가장 좋게 보인다.

창문은 안쪽으로 밀어 넣어져 입체감과 빛, 그림자의 유희를 만들어 내고 건물의 단조로운 상자스러움을 중화해줄 때 가장 좋게 보인다.

누가 승리해야 할까? 신축 건물을 내부에서 보게 될 소수? 아니면 외부에서 보게 될 수백만? 마치 건물 안팎에서 벌어지는 줄다리기 같다. 안쪽에는 이기적인 돈의 힘을 쥔 승자가, 바깥쪽에는 대중이라는 패자가 있다.

앞서 배운 대로 비트루비우스는 건물이 힘, 기능, 아름다움을 지녀야 한다고 말한 것으로 유명하다. 실제로 수세기에 걸쳐 우리는 튼튼하고 유용하며 아름다운 건물을 지었다. 하지만 아름다움이 모습을 감춘 지금, 현대의 비트루비우스는 어떤 미덕을 말할까?

돈 팀

아마 아름다움이 아닌 효율성이겠지. '효율성'은 오늘날 만국 신축 건물의 얼굴이다. 효율적인 건물의 세계는 매일 건물을 보고 사용할 사람이 아니라 건물을 통해 돈을 버는 사람을 중심으로 돌아간다.

지구 도처에서 수도 없이 많은 신축 건물이 욕망처럼 보이는 이유는 무엇일까? 자본주의 세상에서 궁극적인 고객은 대중이 아니기 때문이다.

대중 팀

규정

현대의 많은 건물은 돈처럼 보일 뿐 아니라 규정과 법규처럼 보이기도 한다. 건물이 안전하고 공정하며 무너지지 않도록 하려면 규정이 필요하다는 사실에는 이견이 없다. 하지만 규정이 즐거움까지 방해해서는 안 된다. 건물 설계자는 전등 스위치의 위치부터 옥상의 경사까지, 말 그대로 모든 것을 이래라 저래라 하는 혼이 쏙 빠지는 방대한 양의 규칙과 협상해야 하는 상황을 자꾸만 마주하고 있다.

건축가인 리암 로스Liam Ross와 토툴로페 오나볼루Totulope Onabolu는 각종 규정과 법규가 건물 설계에 미치는 영향을 연구했다. 이들이 분석한 규정 중 하나는 '표준 8213-1:2004, 사용 중 및 청소 중 창문 안전을 위한 설계'였다.

"본 규정은 64~75세 연령대의 여성이 사다리나 청소 기계를 사용하지 않고도, 까치발을 서지 않고도 창문을 내부에서 유지 관리할 수 있도록 설계할 것을 권고한다. 더불어 창문 크기를 상단 높이의 경우 1,825mm까지, 외부 돌출 길이는 최대 556mm까지로 제한할 것을 권고한다."

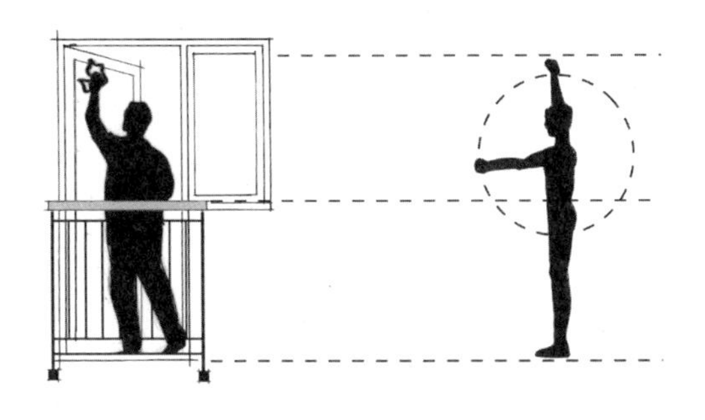

두 건축가는 이 규정이 혼자서도 에든버러의 건물에 '심대한 영향'을 미쳤음을 발견했다. 에든버러 곳곳에 작고 인색해 보이는 창문이 멀리 퍼져 나갔고, 이와 함께 주민의 추락을 방지하는 쇠창살 느낌의 평평한 철제 '줄리엣' 발코니가 다수 생겨난 것이다. 로스와 오나볼루는 "대부분의 영국 건축가가 지나친 건축 관련 규제로 혁신과 창의성이 억압되고, 그 결과 표준화되고 단조로운 디자인으로 이어진다고 생각한다"며 "동시대 건축의 많은 부분이 벽돌과 몰탈로 고착된 건축 규정 조항을 닮아 있다"는 결론을 내렸다.

계획가

1950년대 말을 기점으로 상당수의 도시 계획가가 모더니즘적 사고에 빠졌다. 수천 건의 비인간적 프로젝트를 장려하고 승인했을 뿐 아니라, 흥미로운 건물이 존재하던 여러 구역을 철거하는 데 가담했다. 그렇지만 도시 계획가가 늘 무미건조한 쪽의 손을 들어준다는 건 사실이 아니다. 내가 만난 어떤 계획가는 분통을 터뜨리며 이렇게 말한 적도 있다. "왜 디자이너들은 우리한테 이런 쓰레기나 자꾸 내놓는 거지?"

내가 맡았던 어느 대형 프로젝트는 런던 캠든 자치구의 계획가들이 개입한 뒤에 훨씬 더 흥미로워졌다. 런던 킹스크로스에 위치한 콜 드롭스 야드는 한때 요크셔산 석탄을 보관하던 빅토리아 시대 창고 두 채를 개발하여 만든 쇼핑 지구다. 우리는 기존 지붕을 구불구불하게 연결하는 방식으로 두 창고를 재건하기로 결정했다. 하지만 이 디자인을 캠든 계획가들에게 제시했을 때 나는 거절당했다.

"두 건물이 별개라는 사실을 인정하지 않으시네요."라고 그들이 말했다. 편협하고 틀린 쪽은 그쪽이라고 스스로를 위로하면서 우리는 회의 자리를 떴다. 하지만 이내 나는 멈춰 서서 나 자신과 팀원들에게 "그들의 말에 일리가 있다면?" 하고 물었다. 이후 새로운 버전을 개발했는데, 완전히 섞지 않아 여전히 개별성을 유지하는 채인 두 건물이 서로를 향해 손을 뻗어 공중에서 입을 맞추는 듯한 모양새였다.

캠던의 계획가가 아니었다면 완성된 장소는 훨씬 덜 인상적인 방문지가 되었을 것이다. 물론 세계 각지에는 다양한 종류의 계획가와 계획 시스템, 그리고 문화가 존재한다. 하지만 일반적으로 대부분의 건물 디자이너는 계획을 극복해야 할 성가신 장애물로 여긴다. 장소를 불문하고 시스템은 사람들의 목소리를 대변하기 위해 존재한다는 사실을 망각하는 것이다. 인간적인 도시 계획 시스템이라면 평범한 행인의 감정을 이해하고 바로 그것을 위해 싸울 것이다.

실내 디자인은 어떻게 다른가?

이 책은 건물의 외부를 다루고 있지만, 사용자의 감정에 상응하는 능력을 상실한 건물에 대한 보상으로 지난 세기 부상한 새로운 직종을 살펴보는 것도 흥미로울 것 같다. 건축가가 내외부를 아름답게 통합하여 설계하는 데 자부심을 느끼던 때도 있었다. 프랭크 로이드 라이트와 찰스 레니 매킨토시 같은 건물 디자이너는 시각적으로 복잡하고 즐거움이 가득한 내부를 만들었더랬다.

오늘날의 건물 디자이너는 내부 공간을 팔릴 만한 크기로 만드는 데는 적잖이 신경을 기울이면서도, 각 방의 디테일이 사람들에게 어떤 느낌을 줄지에 대해 고려하는 기술은 잃어버렸다. 설령 그런 시도를 하더라도 반 푼어치 결과에 그치는 경우가 대다수다. 시각적 단순함을 향한 끝없는 열망이 극도로 밋밋한 장소를 낳는다. 건물 디자이너는 자기도 모르는 새 건물 내부에 대한 이해를 포기하여, 더 이상 내부에 분위기와 감성을 불어넣는 방법을 모르는 지경에 이르렀다.

그렇게 분위기와 감성을 주관하는 일은 점점 더 실내 디자이너와 미술가의 영역이 되어갔다.

첫 호텔 건물 설계 의뢰에서 이 사실을 뼈저리게 깨달았다. 의뢰인이 함께 일하고 싶은 실내 디자이너가 누구냐고 물었을 때 나는 실내 작업 역시 우리 스튜디오가 할 수 있다는 언질로 답했다. 하지만 의뢰인은 "건축가는 분위기와 감성을 이해하지 못한다"며 즉각 내 말을 끊었다. 잔인할 정도로 명료하게 들리던 그 말이 너무 큰 충격으로 다가왔다. 나는 건축가도 아니었을뿐더러 그의 말이 사실이라는 것을 본능적으로 알고 있었다. 그런데도 내 직업을 방어하고 싶은 마음이 들었다. 200명이 넘는 스튜디오 직원 중 많은 수가 건축가인 이유로 마치 처음 본 낯선 사람이 가족 구성원을 모욕한 것처럼 느껴졌다. 런던에 있는 팀에게 돌아가 모두를 앉혀놓고 '내·외부 불문, 건물의 분위기와 감성을 이해하기'를 자체 과제로 삼아야 한다고 말했던 기억이 난다. 우리는 디자인을 사용할 사람들의 정신만이 아닌 감정을 사로잡는 법을 배워야 했다.

슬프게도 대부분의 현대식 건물에서 인간 중심적 디자인을 보고 싶다면 그 내부로 들어가야만 한다. 오늘날 찾아볼 수 있는 가장 흥미롭고 정서적으로 만족스러운 장소는 레스토랑과 호텔 내부다. 장소를 찾는 핵심 고객이 개발업자나 중개인이 아니라 기호에 맞지 않으면 다시는 찾아오지 않을 일반 대중이기 때문이다.

다음 몇 쪽에 걸쳐 소개할 건물 내부들은 말 그대로 감각에 상응하게, 걸을 때마다 감탄을 자아내게 설계되었다.

이런 장소는 감정을 핵심적인 기능으로 삼는다.

이런 장소는 인간적이다. 건물 외부를 어떻게 인간화할 수 있을지 귀중한 교훈을 전해온다.

미켈 바르셀로, 유엔 인권 및 문명 동맹 회의실의 천장 장식, 제네바

쿠사마 야요이, 루이비통 및 쿠사마 콘셉트 매장, 런던

애슐리 서튼, 아이언 페어리즈 바, 홍콩

베르너 팬톤, 〈판타지 랜드스케이프〉 설치, 《비지오나 Visiona 2》 전시회, 쾰른

모라드 마주즈와 노에 뒤쇼푸르-로랑스, 스케치 레스토랑 화장실, 런던

그래서 따분함이라는 전 지구적 재앙에서 벗어나기 위해 우리는 무엇을 할 수 있을까?

영국 정부의 선임 의료 고문에게 더 나은 병원을 지어야 한다고 이야기한 적이 있다. 그분은 "더 나은 병원 환경을 만들려면 환자 견인력patient pull을 만들어야 한다"고 말했다.

환자 견인력?

정말 강력한 한 방을 가진 표현이었다. 환자가 집단으로서 기대와 요구를 표할 때에야 비로소 정치인들이 응답할 거라는 말이었다. 폴 모렐도 비슷한 말을 했다. "정치인 입장에서 첫 번째로 드는 생각은 '이게 어떻게 표심으로 이어질까?'일 것이다. 말하기 조심스러운 부분이긴 하지만, 정치인에게 제 기능을 하는 병원 한 곳과 그렇지 않은 병원 두 곳 중에서 선택하라고 하면 아마 후자를 골라 못미더운 병원 두 곳을 지을 것이다. 그게 표를 얻는 데 더 유리하니까. 병상은 있는데 환자는 낫지 않는 병원. 간단히 측정할 수 없는 질보다는 간단히 측정할 수 있는 양을 택한다는 말이다."

따분한 건물이 정치인과 시 의원의 표를 깎아 먹게 되어버린 고로 우리가 살고, 일하고, 배우고, 치료받을 더 나은 건물이 계획가와 개발업자에게 요구되기 전까지는, 따분함의 재앙이 계속해서 세상을 정복해 나갈 것이다.

그러니까, 사회가 변해야 한다는 말이다.

우리는 우리의 시각을 조정해야 한다.

우리는 비인간적인 건물이 인간과 우리의 지구에 재앙과 다름없음을 인지해야 한다.

우리는 돈의 렌즈로 세계를 바라보거나, 돈의 규모로 가치 매기는 일을 그만두어야 한다.

우리는 분노해야 한다.

우리는 굴레를 끊어야 한다.

우리 세계를 다시 인간화할 새로운 운동을 시작해야 한다.

3부

세계를
다시
인간화하는
법

~~CHANGING HOW WE THINK~~

CHANGING HOW WE THINK

달리 생각하기

실로 합리적인 인간 세계는 효율이나 이윤, 무결한 기계처럼 보이지 않는 세계이다.

놀라운 다양성 유동성·역사성·특이성 속에 살고 있는 한 종種으로서 우리의 존재를 반영하는 세계이다.

끝없는 흥미로움과 다원성의 세계이다.

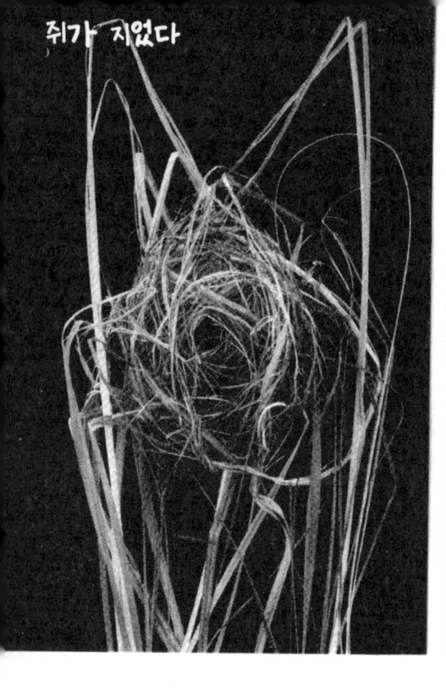

따분하게 설계된 집에서

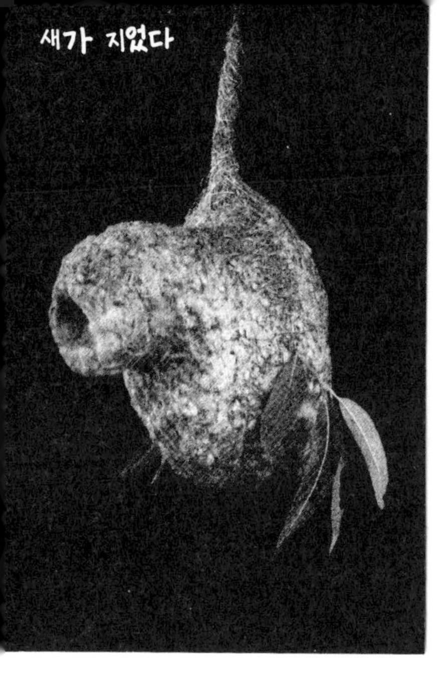

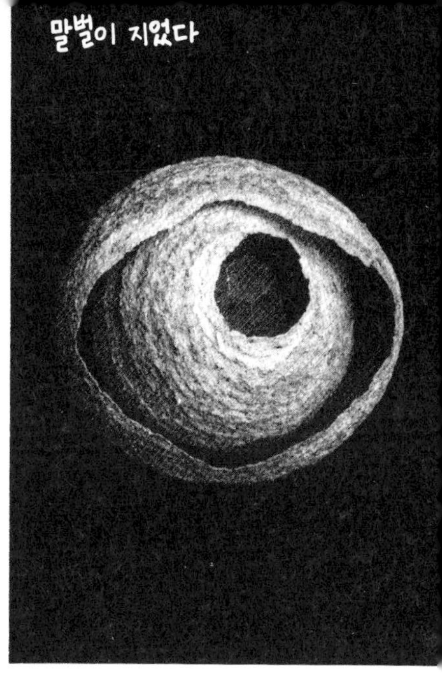

사는 동물을 본 적이 있던가?

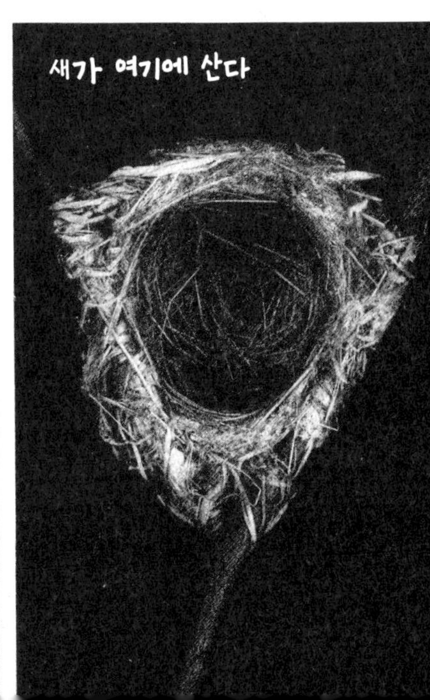

올빼미 · 흰개미 · 오소리 · 굴이 과연 시각적 복잡성이 없는 구조물에 살고자 할까?

100년만 거슬러 올라가도 우리 역시 마찬가지였다.

그렇다고 새로 지은 건물이 모두 까사 밀라나 마린 빌딩 같아야 한다는 말은 아니다. 파인애플이나 아이스크림콘, 눈알 모양의 집이 즐비한 거리는 나도 사양이다.

그보다 훨씬 단순하고 소박한 제안이다. 대중의 눈에 보이는 모든 신축 건물은 마땅히 흥미로워야 한다는 것이다.

매일 그 옆을 지날 때 무無보다 나은 감상을 받을 수 있어야 한다고.

이런 간단한 원칙을 세워보면 어떨까…

인간화

건물은 곁을 지나치는 행인의

원칙

시선을 사로잡을 수 있어야 한다.

대수롭지 않게 들릴 수도 있다. 하지만 동시대 그 어떤 건축가도 제대로 지키지 못하고 있는 원칙이다.

세계적인 전염병과 다름없는 식상함 대유행을 끝내려면 사고방식을 근본적으로 바꿔야 한다.

그런 얘기에 귀 기울일 사람도 없겠지만, 나는 건물의 생김새가 정확히 어때야 하는지 알려줄 생각은 없다.

그저 건물에는 지나가던 사람들이 잠시라도 즐길 만한 정도의 흥미로움이 있어야 한다고 주장할 뿐이다. 모더니즘이라는 미학 컬트를 다른 컬트로 대체할 생각은 추호도 없다.

우리가 늘려야 할 것은 순응성이 아니라 창의성이다.

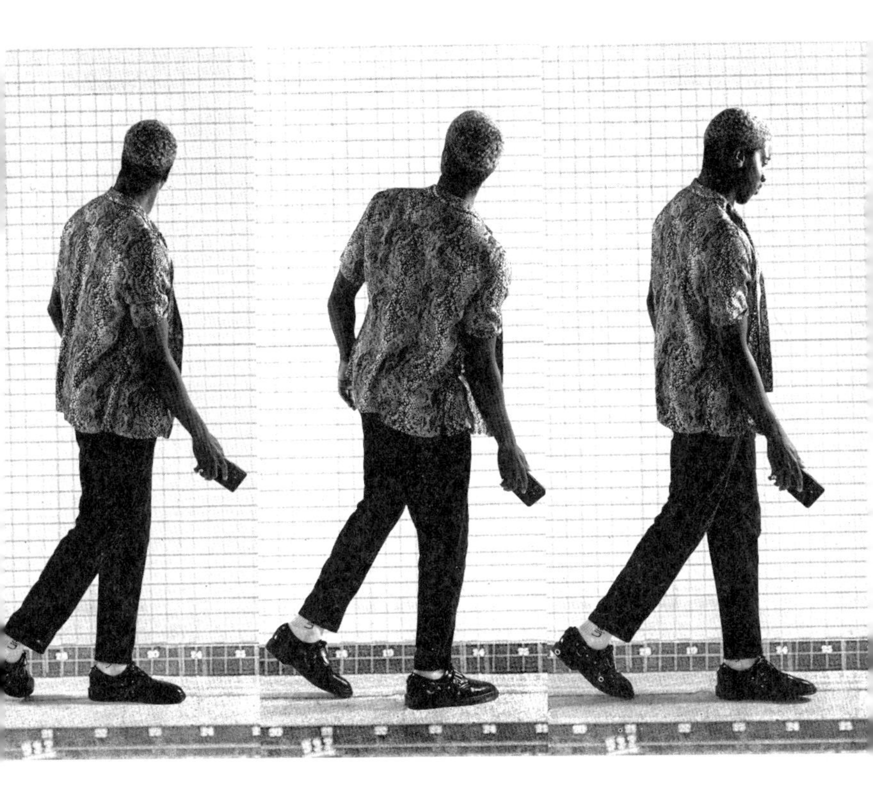

매의 눈을 가진 독자라면 진작에 눈치챘겠지만, 이 원칙은 건물을 지나는 사람이 어떤 여정 중에 있는지를 구체적으로 제시하지 않는다. 뚜벅이 행인이라면 특히 가까이서 본 건물의 생김새에 영향을 받을 것이다. 행인은 자전거나 자동차, 버스를 타고 지나갈 수도 있는데, 이 경우 건물은 쌩하고 지나느라 세세한 디테일은 놓치는 와중에도 흥미를 유발할 수 있어야 한다.

여기서 '지나쳐가기'는 총체적인 경험을 의미한다. 건물을 지나치는 방법이야 다양하지만 어떤 경우에도 건물을 단편적으로 경험하지는 않는다. 쇼핑 센터나 아파트 단지가 귀신이나 유령선처럼 느닷없이 툭 튀어나오는 법은 없다. 우선은 저 멀리 건물을 보며 경험이 시작된다. 이내 길 건너편이나 길 아래에서 건물을 바라보고, 다른 방식으로 경험한다. 그리고 건물에 가까이 다가감에 따라 또 새로운 경험이 펼쳐진다.

위 세 가지 간격에서 사람의 관심을 끌지 못하는 건물은 문제가 있다.

건물은 프랙탈처럼, 가까이 다가갈수록 스스로를 펼쳐 더 많은 것을 드러내야 한다.

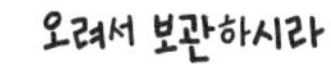

인간화 원칙

건물은 곁을 지나치는 행인의 시선을 사로잡을 수 있어야 한다.

이 원칙에 따른 검증을 통과하려면 건물은 아래 세 가지 간격에서 두루 흥미로워야 한다:

1. 도시 간격
40미터 이상

2. 거리 간격
20미터 가량

3. 문가 간격
2미터 내외

도시

거리

문가

작품 설명은 494쪽 참조

도시

흥미로움의 간격

40미터

40미터 정도 떨어져서 보면 아주 큰 건물이라도 한 눈에 들어온다. 위아래 또는 좌우로 고개를 움직이며 부지런히 시선을 옮길 필요도 없다. 이미 우리 시야 안에 있으니까. 그렇게 건물 전체의 형태와 색깔, 입체적인 움직임까지 대번에 알아볼 수 있다. 하나의 온전한 사물을 보는 경험인 셈이다. 멀찍이 떨어진 건물은 마치 조각품이나 보석류를 감상할 때와 같이 어떤 감흥을 불러일으킨다.

알윈 코트, 뉴욕. 하드 앤드 쇼트, 1909

도시

거리

문가

거리

흥미로움의 간격

20미터

길 건너에서 건물을 볼 때면 고개를 움직이지 않고는 전체 구조를 파악하기 어렵다. 웬만큼 애쓰지 않으면 지붕은 볼 수도 없다. 그러나 건물은 자신을 더 속속들이 드러내 보이기 시작한다. 인간적인 건물이라면 그 표면에 복잡성과 흥미가 깃든 패턴이 존재할 가능성이 높다. 입체성·질감·개성이 더욱 눈에 띄기 시작하고, 건물은 자신의 용도를 위풍당당하게 내보인다. 문 옆의 입간판이나 창문에 붙은 로고 따위가 아니라, 건물 그 자체가. 호기심이 생겨나 한 번 더 보고 싶은 마음이 들 만큼 건물은 시각적으로 흥미로운 대상이 된다.

존 루이스 백화점, 리즈. 애크미 아키텍츠, 2016

도시

문가

흥미로움의 간격
2미터

문가, 이 간격에서는 건물의 자재 · 세부 장식 · 장인 정신이 거대한 존재 혹은 거대한 부재로 다가오며 보는 사람에게 어느 쪽으로든 깊은 인상을 남긴다. 가까이에서 건물을 바라보자면 대영박물관에서 정물을 스케치하던 학생 시절이 떠오른다. 연필과 스케치북을 들고 이집트 의자 같은 정물 앞에 자리 잡기 전 항상 눈앞의 대상이 충분히 복잡한지, 그러니까, 그릴 가치가 있는지 가늠하곤 했다. 딱 알맞게 복잡한 사물은 보는 이의 관심에 화답한다. 자세히 들여다보면 볼수록 여러 겹의 패턴을 발견하게 될 뿐 아니라 제작자와 사용자, 그리고 그들이 속한 시대와 문화에 대한 속삭임이 들려온다. 건물도 마찬가지다. 훌륭한 건물은 수고를 감수하고 부러 가까이서 그리거나 경험할 가치가 있다. 따분한 건물은 그렇지 않다.

클러켄웰 클로스 15번지, 런던. 그룹워크 아키텍츠의 아민 타하, 2016

도시

거리

문가

워하WOHA가 설계한 싱가포르 피커링 스트리트의 파크로얄 컬렉션Parkroyal Collection 호텔은 도시·거리·문가라는 세 가지 간격 요건을 두루 충족하는 좋은 예다. 도시 조망 수준으로 멀찍이 떨어진 길모퉁이나 고가도로에서는 건물이 총체로서 다가온다. 르 코르뷔지에 스타일의 가는 기둥 위로 어두운 색 유리 블록이 세워져 있다. 자칫 따분할 수 있는 구조가

사이사이 매달린 거대한 열대 정원으로 생기를 얻는다. 블록과 블록을 잇는 깊은 플랫폼에는 키 큰 나무와 공중에 덩굴손을 드리운 식물이 줄지어 있는데, 이 독특한 덩굴식물이 반복적인 구조에 딱 좋은 정도의 시각적 복잡성을 부여하여 강렬한 장소성을 조성한다.

PARKROYAL
SLS8075P
COMFORT

1960년대 리콴유 총리는 싱가포르의 도시 환경을 녹지와 조화시키겠다고 선언하고 싱가포르를 '정원 속 도시'로 바꾸기 시작했다. 오늘날 싱가포르에서는 옥상이나 도려낸 고층부에 정원이 조성되어 있는 초-현대식 타워를 흔히 볼 수 있다. 하지만 이 호텔만큼 극적인, 이 호텔만큼 성공적인 사례는 드물다.

길을 따라 좀 더 가까이 가 보면 건물의 흥미로움이 대부분 저층부에 집중되어 있음을 알게 된다. 횡단보도 건너편에서는 시선이 우선 위로 향한 다음 거리를 따라 움직인다. 병정처럼 오와 열을 맞춰 늘어선 기둥을 훑을 때면 이들이 우거진 녹음에 더하고 있는 속도감과 리듬감이 느껴진다. 또한 기둥 안으로 깊숙이 들어간 객실 층 아래 부분이 직선을 그리도록 설계되지 않아, 외려 명암을 가지고 놀면서 안팎으로 예측할 수 없는 곡선을 그리는 여러 가지 색조의 띠로 구성되어 있다는 것을 깨닫게 된다. 마치 긴 세월 파도에 깎여 나간 고대 절벽이 눈앞에 있는 듯하다.

프랙탈이 그러하듯 호텔도 다가갈수록 한층 더 흥미로운 모습을 꺼내 보인다. 건물 이쪽 끝부터 저쪽 끝까지 물이 서로 다른 높이로 흐른다. 수면 아래 깔린 검고 납작한 자갈이 차분하고 사색적인 분위기의 일본식 정원을 떠오르게 한다. 강줄기를 연상시키는 구조물 주위에는 나무가 반복적으로 죽 늘어서 있고, 색색의 저가 포장재로 시공된 도로 옆 특수한 통로는 예측불가한 형태로 가장자리가 들쑥날쑥하다. 아울러 유리 지붕은 비와 햇볕을 막아줌과 동시에 그 너머로 위층 바닥을 또렷이 드러내고, 그리하여 우리는 굴곡진 띠에 예상치 못한 깊은 능선이 있어 명암이 노닐 수 있는 또 다른 공간을 만들어 냄을 깨닫게 된다. 흥미가 자꾸만 더해간다.

호텔을 방문하고 이 특별한 건물이 싱가포르의 계획가들과 건축가가 긴밀히 협력하여 만들어 낸 결과물이라는 사실을 알게 되었다. 여기는 투숙객뿐 아니라 곁을 지나는 모든 행인에게까지 관대하게 호사의 경험을 제공한다. 이 건물은 도시 속에서 자신이 차지하는 자리를 깊이 아낀다. 또한 지척에서, 혹은 멀찍이에서, 걸어 가다가, 혹은 차를 타고 가다가, 마주치는 모든 행인에게 자신의 경이로움을 아낌없이 나누고자 한다. 여정 초반, 옆을 지나가는 나에게 아무것도 내어주지 않았던 밴쿠버 피나클 호텔 하버프런트와는 그야말로 정반대다.

하지만 도시·거리·문가 간격에서 모두 흥미로운 건물을 만드는 데 꼭 수천만 달러의 자금과 부유한 호텔 건축주가 필요한 건 아니다. 런던 외곽, 번잡한 북부 순환 도로에 싱가포르의 파크로열 컬렉션 호텔만큼이나 성공적인 사회주택 프로젝트가 지어졌다.

그레이터 런던 당국의 의뢰로 피터 바버 아키텍츠가 설계한 에지우드 뮤즈Edgewood Mews는 97채의 주택이 밀집된 단지로, 멀리서 보면 중세 성벽을 닮았다. 그 입지에 걸맞는 느낌이다. 마치 단지를 따라 이어지는 시끄럽고 적대적인 도로로부터 주민들 굳건히 지키고 있는 것 같다.

하지만 가장 기초적인 상자형 대신 위아래로 움직이는 윤곽선과 함께 극적이고 흥미로운 방식으로 지어져, 주택 단지가 세상에 최소한의 것 이상을 내놓고 있음을 멀리서도 알 수 있다.

거리 풍경에 가까워질수록 에지우드 뮤즈는 더욱 흥미로워진다. 이 성벽 안에 사람들이 살고 있다는 사실이 선연히 다가온다. 벽의 양 끝은 특이한 지붕선을 가진 타워로 이어지는데, 타워는 미니멀하게 각진 사각형이 아니라 도리어 원형을 띤다. 유난히 큰 발코니가 마치 도개교처럼 각 집의 바깥으로 돌출되어 있다. 단지는 구불구불한 통로 하나를 두고, 연결된 건물들이 이루는 두 개의 '벽'으로 구성된다. 통로의 폭은 흠잡을 데가 없다. 귀신 나올 듯 으스스하게 좁은 것도 아니요, 그렇다고 고립감이 들 정도로 넓지도 않다. 곡선이라는 점이 호기심을 불러일으켜 사람들을 탐험하게끔 유도하고, 아스팔트 대신 어두운 블록으로 만들어졌다는 점이 자동차 타이어가 아닌 사람의 발을 위해 만들어졌다는 사실을 알려 온다. 내가 방문한 시점에는 아직 일부 구역에서 공사가 진행 중이었음에도 불구하고 벌써 바깥에는 행복하게 뛰노는 아이들이 있었다. 통로가 사회적 공간이 되는 데 성공했다는 뜻이다.

문가에서도 에지우드 뮤즈는 계속하여 새로운 발견을 선사한다. 1층에는 예상 밖의 요소가 자리하고 있는데, 거의 가우디스러운 일련의 키 큰 아치들이 의외성과 리듬감을 자아낸다. 건물 외부를 구성하는 벽돌은 실제로는 아닐지라도 오래되고 재활용된 것처럼 보인다. 창문에서는 재기발랄한 변주가 눈에 띈다. 벽에서 튀어나온 것 같은 창문이 있는가 하면 중세 궁수가 활을 쏘던 성벽의 틈새 같은 창문도 있다. 문과 창문은 서로 일직선상에 있지 않고 마치 통통 튀는 악보인 양 익살스러운 패턴을 이룬다. 각 집으로 올라가는 계단이 빙빙 꼬여 있어 자기 집 현관에 이르는 과정, 즉 귀갓길마저 작은 모험처럼 느껴진다.

에지우드 뮤즈의 경우 비용 절감이라는 엄청난 압박이 있었을 텐데도 인간적인 면모를 살리는 데 성공한 것이다.

마치 수리한 양, 새 건물 속 장난기 가득한 벽돌

계단 위 특이하게
배치된 벽은 사소해 보이지만
아이가 숨바꼭질하기에
알맞은 장소가 됨

사고방식을 전환할
세 가지 결정적 방법이 있다.
우리의 건물이

인간화
원칙

을 따를 수 있도록.

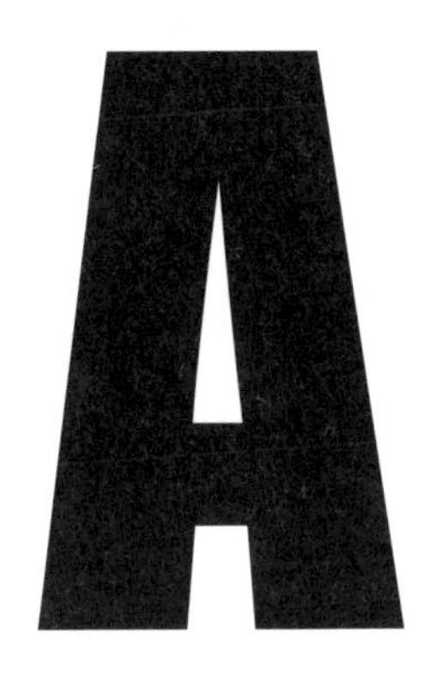

ACCEPT

인정

사용자가 어떻게 느끼는지가 건물 기능의 핵심임을 인정하라.

BUILDINGS
건물

천 년은 거뜬하리라는

희망과 기대로

건물을 설계하라.

CONCENTRATE

집중

건물의 흥미로운 특질을

문가 2미터 안에

집중하라.

감정이라는 기능

모더니스트들은 '형태는 기능을 따른다'고 믿었다. 즉, 건물의 외부는 내부적 작동의 결과여야 한다는 말이다. 기능 아닌 다른 무엇으로 보이는 건물은 부정직하고 부끄럽고 심지어는 앞뒤가 바뀐 것이었다.

이들의 주장은 인간의 감정이 중요한 기능이라는 점을 놓치고 있다.

인간은 즉각적이고 자동적으로 느껴지는 강력한 감정에 이끌린다. 우리가 지나치는 모든 건물이 감정을 자극한다. 가장 기본적인 수준에서, 건물은 우리의 기분을 좋게 만들거나 나쁘게 만든다. 우리를 끌어당기거나 밀어낸다.

집·사무실·상점·병원이 내부에서 아무리 잘 굴러간다 한들 외부에서 주민·노동자·고객·환자를 밀어낸다면 그 건물은 실패작이다.

건물이 자기를 경험하는 모두에게 불어넣는 감정, 그것이 건물 기능의 근본적인 부분이다. 디자이너는 두 부류의 잠재적 건물 사용자의 입장에서 생각할 수 있어야 한다. 입주자뿐 아니라 지나가는 행인이 어떻게 느낄지도 상상해 봐야 한다는 뜻이다.

롱샹을 지은 르 코르뷔지에도 그렇고 중세 성당 제작자들은 건물을 통해 강력한 감정을 불러일으키는 데 가히 천재적이었다. 성당에 들어서면 어둠과 서늘함, 석조물 주변의 울림 소리에 즉시 압도된다. 목소리를 죽인 채 천국이 있는 쪽, 장대한 아치형 천장을 바라본다. 호흡이 느려지고 명상하듯 고요한 기분에 휩싸인다. 건물이 느낌에 깊은 영향을 준다. 수 세기 전 죽은 디자이너의 결정이 이 순간까지 이어져 우리를 바꿔놓는다. 감정이 구조물의 매우 중요한 기능이라는 사실을 그들은 알았다.

일류 디자이너는 감정을 도구로 활용한다. 프랑스 디자이너 필립 스탁 Philippe Starck은 의자·문손잡이·그 유명한 레몬 착즙기 등 사물에 감정을 불어넣는 데 일가견이 있다. 필립 스탁의 손을 거치면 평범한 일상 속 사물도 우리에게 무언가를 느끼게 해준다.

마찬가지로 기술자이자 애플의 공동 창립자인 스티브 잡스 역시 디자인이 감정에 영향을 미친다는 것을, 감정을 움직일 수 있다는 것을 직관적으로 이해하고 있었다. 사업을 이제 막 시작했을 당시 잡스는 대중이 컴퓨터를 너무 복잡한 것, 금기시되는 것, 비인간적인 것으로 받아들인다는 사실을 본능적으로 알았다. 그의 천재성은 전자제품을 보다 인간적으로 만들어서 사람들이 전자제품에 대해 느끼는 방식을 바꿔 놓았다는 데 있다. 잡스는 젊을 적 서예를 공부했다. 그리고 말하길 "세리프체와 산세리프체를, 다양한 문자들의 조합, 그 사이 공백에 변화를 주는 방법을, 훌륭한 타이포그래피의 조건을 배웠다. 서체들은 과학이 포착할 수 없는 방식으로 아름답고 역사적이며 예술적으로 미묘했다. 매혹적이었다…10년 후 최초의 매킨토시 컴퓨터를 디자인할 때 그 모든 것이 다시 떠올랐다. 전부 맥에 집어넣었다. 아름다운 타이포그래피를 갖춘 최초의 컴퓨터는 그렇게 탄생했다."

고객이 애플을 어떻게 느끼는지와 관련하여 잡스가 보인 집착은 매장 디자인으로, 심지어는 제품을 싸고 있는 포장으로까지 확대되었다. 애플 본사 어딘가에는 수백 개의 시제품 패키지를 보관하는 공간이 있다. 삼엄한 경비 아래, 전문가들은 이곳에서 꼭 알맞은 기쁨·조바심·설렘을 불러일으키는 것을 목표로 제품 포장을 시험하고 개선한다. 잡스는 말했다. "포장은 연극이 될 수 있다. 이야기를 지어낼 수 있다."

애플의 제품이 기술 혁신이나 성능 면에서 늘 경쟁 우위에 있지는 않았다. 하지만 감정을 제품의 일차적 기능으로 이해함으로 꾸준히 승리해왔다. 회사의 가치를 2조 달러까지 높일 수 있었던 것도 이 덕이다.

잡스는 고객의 눈으로 세상을 바라보고 고객에게 좋은 기분을 선사할 방법을 궁리하면서 애플을 성공 가도에 올렸다. 제품의 구매자를 멍청하거나 무식한 사람들이 아니라, 아름다움과 세련미에 응당 긍정적인 반응을 보일 이들로 본 것이다.

건물 디자이너는 스티브 잡스가 대중에게 가졌던 믿음에서 느끼는 바가 있어야 한다. 대중은 무지하고 틀렸다 말하는 터무니없는 사고 구조를 버려야 한다. 대중은 틀릴 수가 없다. 대중이 사랑하는 건물이 허물어지는 경우는 거의 없기 때문이다. 앞으로 어떤 건물을 허물고 어떤 건물을 보호할 것인지가 결국 대중에게 달려 있다. 그러니까 건물 디자이너는 대중을 뮤즈로 삼아 대중에게 매료되고 영감을 얻어야 한다. 건축가의 최우선 관객은 대중이다. 다른 건축가가 아니라.

천년 사고

우리는 건물 디자이너가 천 년의 마음가짐으로 임하는 세계를 요청해야 한다.

새로운 건물은 지반의 자연스러운 움직임에 따라 풍화되고 구부러지도록, 마모되고 더러워져도 쉽게 수리하고 재사용할 수 있도록 설계되어야 한다. 이런 마음가짐으로 설계된 구조물이라 한들 실제로 천 년을 버티지는 못할 것이다. 그러나 일반 행인에게 사랑받을 가능성이 훨씬 높은 만큼 미래에 있을 철거 압력 역시 이겨낼 가능성이 높다.

우리가 허물기로 결정하는 건물들은 따분할 뿐만 아니라 한 가지 용도로만 설계된 경우가 많다. 예컨대 현대식 주택 블록의 천장은 더 많은 층을 쌓아 올려 개발업자와 지주의 이윤을 극대화하기 위해 가능한 한 최저 높이로 설정되는 경향이 있다. 이는 즉 건물이 더 이상 주거용도로 적합하지 않은 때에 다른 용도로 쓰기가 훨씬 곤란하다는 뜻이다. 향후 천 년간 쓰이고 또 다시 쓰일 목적으로 지었더라면, 필요한 때에 용도 변경이 가능하도록 더 높은 천장고를 확보했을 것이다.

↖ 곧 세기 천 번째 생일을 맞이하는 런던탑은
감옥·왕립 조폐국·왕실 보석 보관소·예술 작품 설치 장소
·동물원 등으로 사용되어 왔다.

건물 디자이너는 구조물의 쓰임이 궁극적으로 약간은 빗나갈 수밖에 없다고 항시 가정해야 한다. 그렇다고 건물이 무난해서 무해한 미학과 가벽들로 한없이 유연하게 지어져야 한다는 말이 아니다. 사람들이 열성으로 애호할 수 있을 만큼, 또 앞으로 몇 세대 동안 다시 상상하고 재사용할 수 있을 만큼 관대하게 설계해야 한다는 것이다.

실제로 많은 사람이 완전히 새로운 무언가를 창조하는 일보다 오래되고 흥미로운 것을 야심차게 탈바꿈하는 일에서 더 큰 재미를 느낀다. 우리 스튜디오는 남아프리카의 곡물 저장고를 박물관으로, 영국의 제지 공장을 진gin 양조장으로, 런던의 창고 두 채를 쇼핑 센터로 변신시켰다.

곡물 저장고

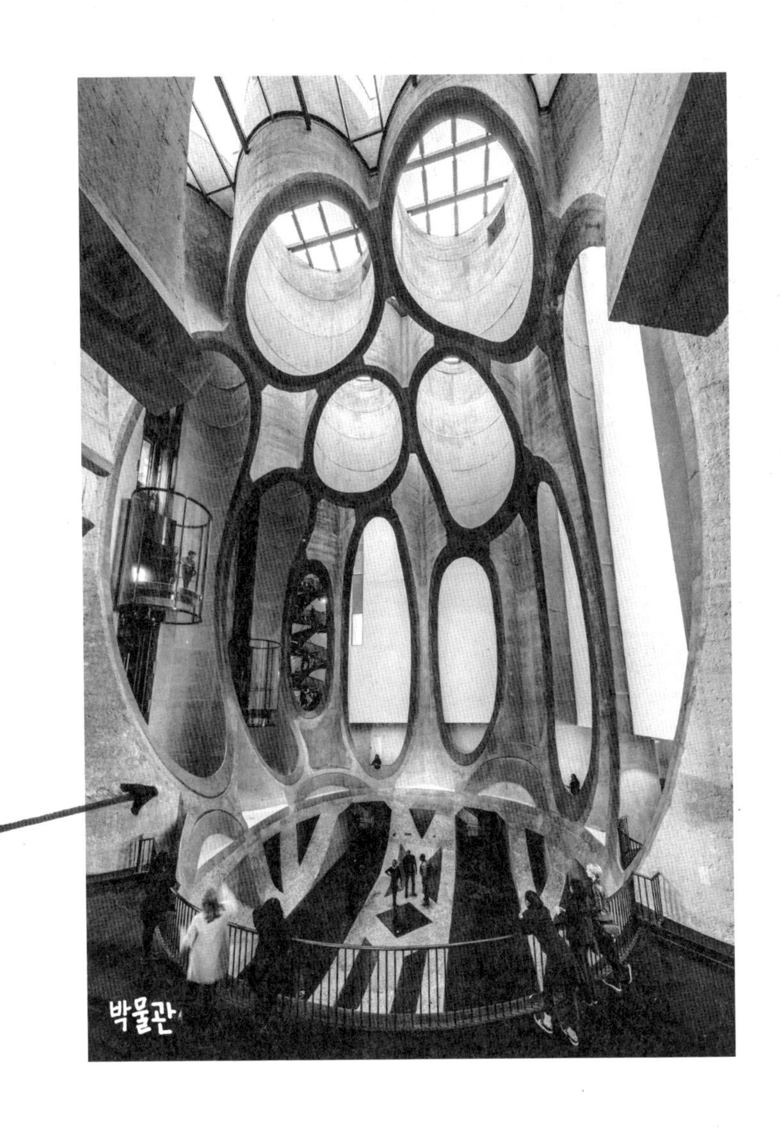

천 년을 내다본 건물은 개량할 수 있는 건물이다.

천 년을 내다본 건물은 사람들이 대부분 그게 허물어지는 걸

보고 싶어 하지 않는 건물이다.

일본과 같은 문화권은 옛부터 천 년 사고의 명맥을 이어 가고 있다. 일본에는 킨츠기*kintsugi*라 하여 금으로 도자기의 균열을 보수하는 미적 전통이 존재한다.

킨츠기는 노화·투박함·불완전함을 기념한다. 흠집을 전면에 드러내는 방식으로 수리하여 사물에 새로운 모습, 이전보다 더 흥미로운 모습을 부여하기, 이게 바로 천 년 사고다.

런던 버스를 새로 디자인해달라는 요청에 우리 스튜디오가 취한 접근법도 별반 다르지 않다. 직물은 등과 엉덩이, 지저분한 손에 수십만 번 뭉개져도 버텨낼 수 있어야 했다. 그냥 그런 색 하나를 고르는 대신 연구를 통해 마모와 오염의 맹습에 강한 지구력을 보이는 패턴을 개발했다. '더러워도 예쁘도록' 설계하기라는 마음가짐이 우리 스튜디오의 문화에 그대로 남아, 계속해서 우리 작업의 본질을 이루고 있다.

문가 간격을 최우선으로

도시·거리·문가 중 문가 간격이 가장 중요하다. 행인에게 가장 큰 감정적 영향을 주기 때문이다. 건물 전반에 관한 인간의 경험은 항상 문가 간격에 집중된다. 대중은 대부분의 시간을 지상에서 보내고, 걸어 다니면서 눈높이에서 세상을 경험한다. 건축 모형은 거의 항상 내려다보게 되는 데 반해 우리는 헬리콥터 위에서 살지 않는다.

도시와 거리 간격에서는 어찌어찌 성공을 거둔 건물도 문가 간격에서는 예외 없이 매번 실패한다. 도시 간격에서는 환상적으로 보이는데 가까이서는 김이 확 새는 유명 현대식 타워가 런던에만 몇 개가 있다. 바로 옆에서 보면 따분하기 그지없다. 건물 디자이너는 결국 가장 지대한 영향력을 쥐게 될 문가 간격 안에서 가장 흥미롭고 창의적인 작업을 선보여야 한다. 날마다, 해마다 건물 앞을 지나게 될 사람들의 감정적 경험을 거듭 상상해야 한다.

건물이 걸음걸음마다 어떤 경험을 선사하게 될까?

작품 설명은 494쪽 참조

OCCIDENTAL POWER
SOLAR, WIND, & COGENERATION
WWW.OXYPOWER.COM - 888.49.SOLAR
59 83

KEEP
CALM
AND
PRIORITISE
DOOR DISTANCE

현대 건물이 점점 더 옆으로 넓어지면서 문가 간격을 우선시하는 일이 그 어느 때보다 필요해졌다.

역사를 보자. 자연의 이치에 따라 진화하던 시절, 인간의 장소는 인간적인 규모에 머물렀고 흥미로움이 넘쳐났다. 바르셀로나나 파리 같은 유서 깊은 도시의 거리는 수백만 방문객을 끌어모으는데, 특히 문가 간격을 비롯한 세 가지 간격 모두에서 흥미로운 인간적 디테일로 가득하기 때문이다. 과거에는 건물 부지가 더 협소했던 이유로 이러한 장소는 수직을 더 강조하는 경향이 있다. 좁은 부지들이 서로 나란히 있을 때 항상 보다 흥미롭고 시각적으로 풍부한 거리가 만들어지는데, 같은 길이의 거리에 더 다양한 건물이 들어설 수 있기 때문이다. 반대로 가장 따분한 거리는 아마 가장 넓은 건물 부지와 전면 공간을 가졌을 것이다. 넓은 건물의 문제는 사람들이 지나가면서 변화하는 세부 사항을 볼 수 있어야 한다는 데 있다.

이런 거대 구조물이 꾸준히 지어지고 있는 배후에는 건축가를 향한 잦은 요구가 있다. 나도 비슷한 요구를 여러 번 받아봤다. 도시 한 블록 크기와 맞먹거나 그보다 큰 건물을 만들어 내라는 것이다. 인간의 크기에서 한참 벗어난 과장된 규모로 건축할 때는 부자연스러운 거대함을 보완하는 것이 중요하다. 특히 반복적인 수평선을 활용하여 쉽게 디자인하려는 유혹, 길고 평평한 창문과 바닥 슬라브의 유혹에 저항해야 한다. 디자인 스튜디오에 앉아 건물에 수평선을 긋는 건 식은 죽 먹기보다 쉽다. 하지만 이는 인간의 인식법에 반대된다. 우리는 위로 보는 것보다 옆으로 보는 것이 훨씬 자연스럽게 때문이다.

지나친 수평성은 우리의 시선을 가로막고, 따분하고 단조로운 반복을 만들어 낸다. 반가움은 잠시, 따라가고 또 따라가고 또 따라가다 보면 금세 따분함만 남는다.

모두가

건물을 인간화하자고 말하면 늘 비슷한 지적이 돌아온다. 몇몇은

과거로 돌아가는 수밖에 없지 않냐며 의아해하고,

또 다른 몇몇은 크리스마스 트리마냥 장식

쉬쉬하는 문제

을 덕지덕지 붙이자는 거냐며 걱정하는 기색을 보인다. 그러나 가장 흔하게 맞닥뜨리는 건 현대의 건축 자재나 예산으로는 실현 불가능한 목표라는 단정이다.

옛 건물을 그대로 베껴야 할까?

일본

예멘

선호하는 건물에 대한 대화는 종종 뻔하고 단순한 논쟁으로 치닫고 만다. 옛 양식이 더 낫다는 쪽과 새로운 양식이 더 좋다는 쪽으로 갈리는 것이다.

내가 보기엔 관점을 조금만 달리 하면 하나로 합칠 수 있는 문제다.

사람들이 오래된 건물을 좋아하는 이유는 고유한 장소성 때문이다.

호주

나이지리아

인간은 늘 자신을 발견할 수 있기를 소망하며 건축물을 바라본다.

일본, 예멘, 호주, 나이지리아에 위치한 이 집들은 각 문화권의 정체성을 담고 있다. 여기에는 강렬한 '장소성'이 있다.

영국에서 가장 인기 있는 건물 중에는 영국 고유의 시각 문화를 반영하는 것들이 많다. 1896년 완공된 런던의 타워 브리지는 16세기 고딕 양식으로 설계되었지만, 실제로는 빅토리아 시대의 기계 공학이 낳은 초대형 작품이다. 천 년을 내다보는 마음가짐으로 지어진 이 다리는 그 모순에도 불구하고 사랑받는다. 모더니스트 말마따나 '정직하지 못한' 건물일지도 모르겠으나, 적어도 타워 브리지를 허물자고 떠들어대는 사람은 없다.

그런데도 여전히 건축계 안에는 예전 양식으로 설계된 새 건물에 강력하게 반대하는 움직임이 존재한다. '아류'에 '깊이가 없는' 데다 '흉내'나 내는 '가짜'라는 것이다.

프랑스 : 2006년 완공

태국 : 2015년 완공

왼쪽: 토스카나 광장, 프랑스 마른라발레. 피에르 카를로 본템피 및 도미니크 에르탕베르제

오른쪽: 원 님만, 태국 치앙마이. 옹-아드 아키텍츠

미국에서는 아직도 식민지 양식, 대초원 양식, 구기 양식이 인기를 끈다. 호주에서는 연방 양식이, 스위스에서는 샬레 양식이 꾸준히 사랑받고 있으며, 영국의 경우 에드워드 시대, 조지 시대, 빅토리아 시대 건축 양식과 예술 공예 양식의 인기가 여전하다. 내가 그런 건물을 짓는다는 건 아니지만, 체더 치즈나 찰스 디킨스처럼 그런 건물도 영국 정체성의 일부라고 생각한다. 그러니 영국이 됐든 일본이 됐든 모리타니가 됐든, 그 나라의 역사적 문화를 담고 있는 건물을 단지 그 이유만으로 형편없다 할 수는 없다. 건물을 쓰는 사람이 좋다는데, 우리가 뭐라고 깔보겠나? 도쿄의 누군가가 전통 일본식 료칸을 재현한다고 해서 저 멀리 영국인들이 '아류'라며 빽빽댈 건 아니라는 말이다. 같은 기간 우리 도시와 마을에 수천수만 배 더 큰 피해를 입힌 쪽은 소위 '아류'인 건물이 아니라 20세기 지어진 신축 건물이다.

영국 :
1987년 완공

건축을 업으로 삼았다고 해서 꼭 새로운 건축 양식을 창조해야 하는 건 아니라고 본다. 그런 부담은 창조주에게나 마땅하다. 우리의 과거를 건설해 온 이들과 우리의 문화를 거리낌 없이 기릴 수 있어야 한다. 진심으로 임하는 한.

그렇다고 미래의 모습을 한 건물 디자인을 꺼려서도 안 된다.

위쪽: 리치먼드 리버사이드, 런던, 퀸란 테리

오른쪽: 해럴드 워싱턴 도서관 센터, 시카고, 해먼드, 비비 앤 바브카

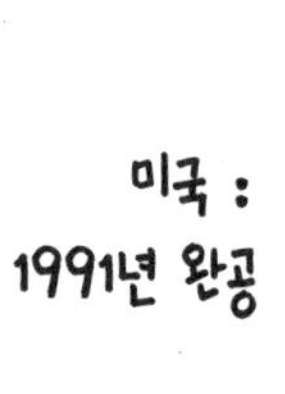

영국에서는 대중이 새로운 것을 좋아하지 않는다는 말이 종종 들려온다. 대중에게 선택권을 주면 현대적인 것이라면 모조리 거부하고 조지안식 주택이나 타워 브리지로만 세상을 가득 채울 거라고. 추측하건대 모더니즘 디자인이 거부당하는 데에서 비롯된 불만이겠지만, 이런 가정은 사람들이 가진 관심과 취향의 다양성을 과소평가한다.

이미 알다시피, 세계에서 가장 사랑받는 10대 건물에는 부르즈 칼리파 · 할그림스키르캬 · 더 샤드가 포함된다. 여기 보이는 부르즈 칼리파는 두바이 사막에 위치하고 있지만 그 역사와는 큰 관련이 없다. 이 건물이 인기 있는 이유는 도시 간격, 즉 원거리에서 보아도 충분히 흥미로워서 그 자체로 특별한 장소성을 만들어 내기 때문이다. 싱가포르의 파크 로열 호텔 역시 마찬가지로 지역의 역사를 그다지 반영하고 있지 않다. 그럼에도 호텔이 성공할 수 있었던 비결은 원거리 · 중거리 · 근거리 어디에서 보아도 흥미로운 디자인으로 독자적인 장소성을 구축했기 때문이다.

역사 속 위대한 건축가들도 비슷한 수법을 썼다. 조르주-외젠 오스만이 설계한 파리의 건물은 독특한 장소성을 잘 드러낸다고 평가받는다. 하지만 실제로는 그 건물이야말로 파리의 독특한 장소성을 만들어 낸 주역이다. 분명 고전 양식을 따랐지만, 그 모방에는 진심 어린 신념이 있었다.

과거와 현재를 막론하고 인간적인 건축물에서 공통적으로 나타나는 특징이 뭘까? 바로 적절한 시각적 복잡성이다.

19세기 토마스 큐빗이 설계한 런던의 주택도 적절한 시각적 복잡성을 가진다. 물론 누구 입맛에는 별로일 수도 있다. 누구는 지나치게 과시적이거나 고리타분하다고 생각할 수 있다. 하지만 이 건물에는 입체감이, 단순하면서도 섬세한 장식적 요소가, 때로는 곡선까지도 어우러져 있다.

1970년대 파리에 세워진 퐁피두 센터 역시 적정한 시각적 복잡성을 갖추고 있다. 마찬가지로, 이 건물 역시 입맛에 안 맞을 수 있다. 누구 눈에는 지나치게 산업적이고 정신없게 보일지도 모른다. 하지만 자꾸 보다 보면 점점 더 많은 디테일을 발견하게 된다.

퐁피두 센터에는 적절한 시각적 복잡성이 있다.

토마스 큐빗의 주택에는 적절한 시각적 복잡성이 있다.

인간적이다.

로 시작하는 단어

장식을 사용하면 손쉽게 시각적 복잡성을 더할 수 있다. 하지만 호박에 줄 긋는다고 수박이 되지는 않는 것처럼 건물에 무언가를 덧씌우는 일이 꼭 복잡성을 의미하지는 않는다. 우리 스튜디오는 단순히 장식이 '덧붙여진decorated' 건물을 만들려는 게 아니다. 주어진 것을 최대한 활용하여 충분히 복잡한 건물을 짓자는 주의다. '장식을 덧붙인' 건물이 아니라 그 자체로 '장식적인decorative' 건물이라고 할까. 시각적 복잡성은 건물 외부에 무작정 얹혀진 장식이 아니라 건물의 구조 자체로서 표현되어야 한다. 창이나 문을 디자인하고 배치하는 방식, 벽면을 연결하는 방식, 그 안에 들어간 기술을 숨기지 않고 드러내는 방식으로도 건물은 충분히 흥미로워질 수 있다. 건물 외부의 디테일을 없애려는 게 아니다. 더 강조하고 확장하자는 거다.

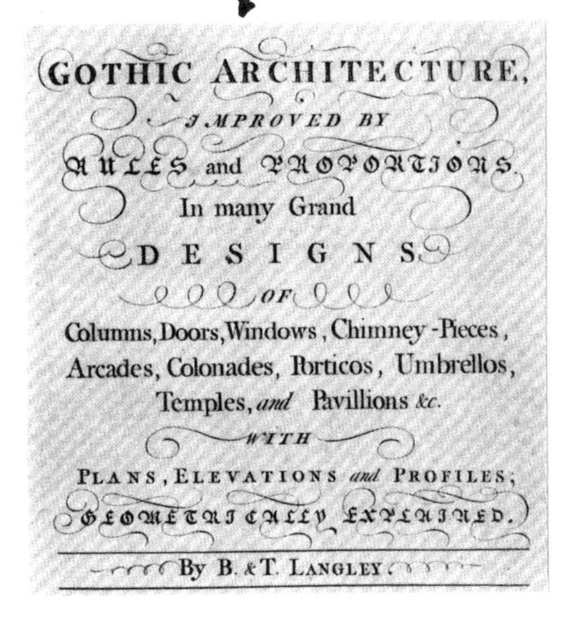

GOTHIC ARCHITECTURE,
IMPROVED BY
RULES and PROPORTIONS.
In many Grand
DESIGNS
OF
Columns, Doors, Windows, Chimney-Pieces,
Arcades, Colonades, Porticos, Umbrellos,
Temples, *and* Pavillions &c.
WITH
PLANS, ELEVATIONS *and* PROFILES;
GEOMETRICALLY EXPLAINED.

By B. & T. LANGLEY.

1747년 출간된 한 패턴북의 속표지

빅토리아 시대와 조지 시대 영국에는 디자이너가 수월하게 흥미로운 건물을 만들 수 있도록 도와주는 시스템이 있었다. 패턴북이다. 패턴북은 문 · 창 · 몰딩 · 처마 돌림띠 · 페디먼트 · 가고일 등의 도안을 모아 놓은 일종의 카탈로그로, 그 안에는 온갖 종류의 건물을 만드는 데 필요한 모든 요소가 들어 있다. 건물 디자이너는 각 요소를 다양한 방식과 비율로 조합하여 간편하게 시각적 복잡성을 확보할 수 있었고, 따라서 매 프로젝트마다 맨땅에 헤딩하는 식으로 작업하지 않아도 되었다.

문 철제 부품

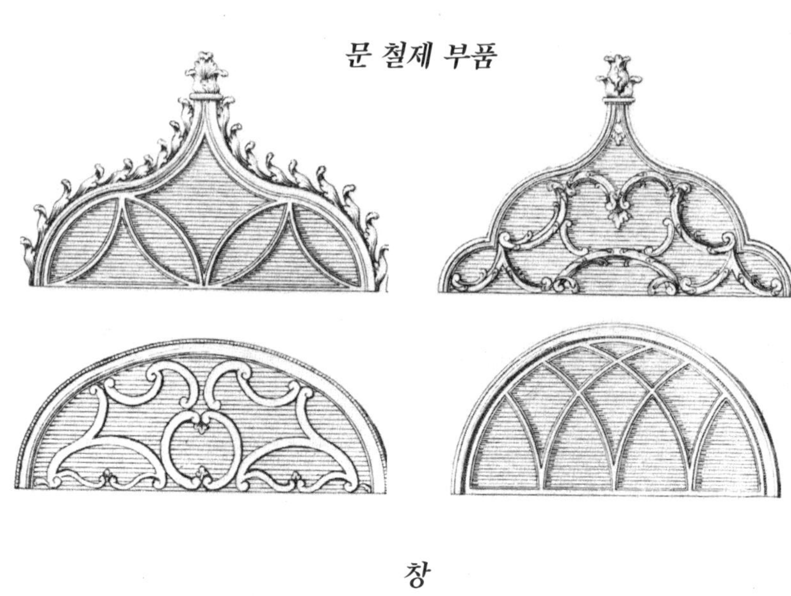

창

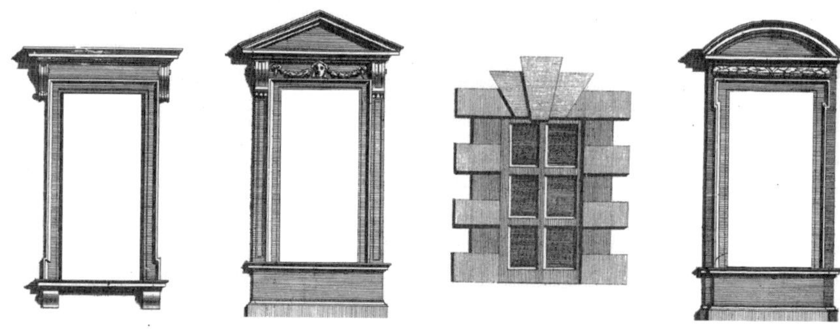

문

난간

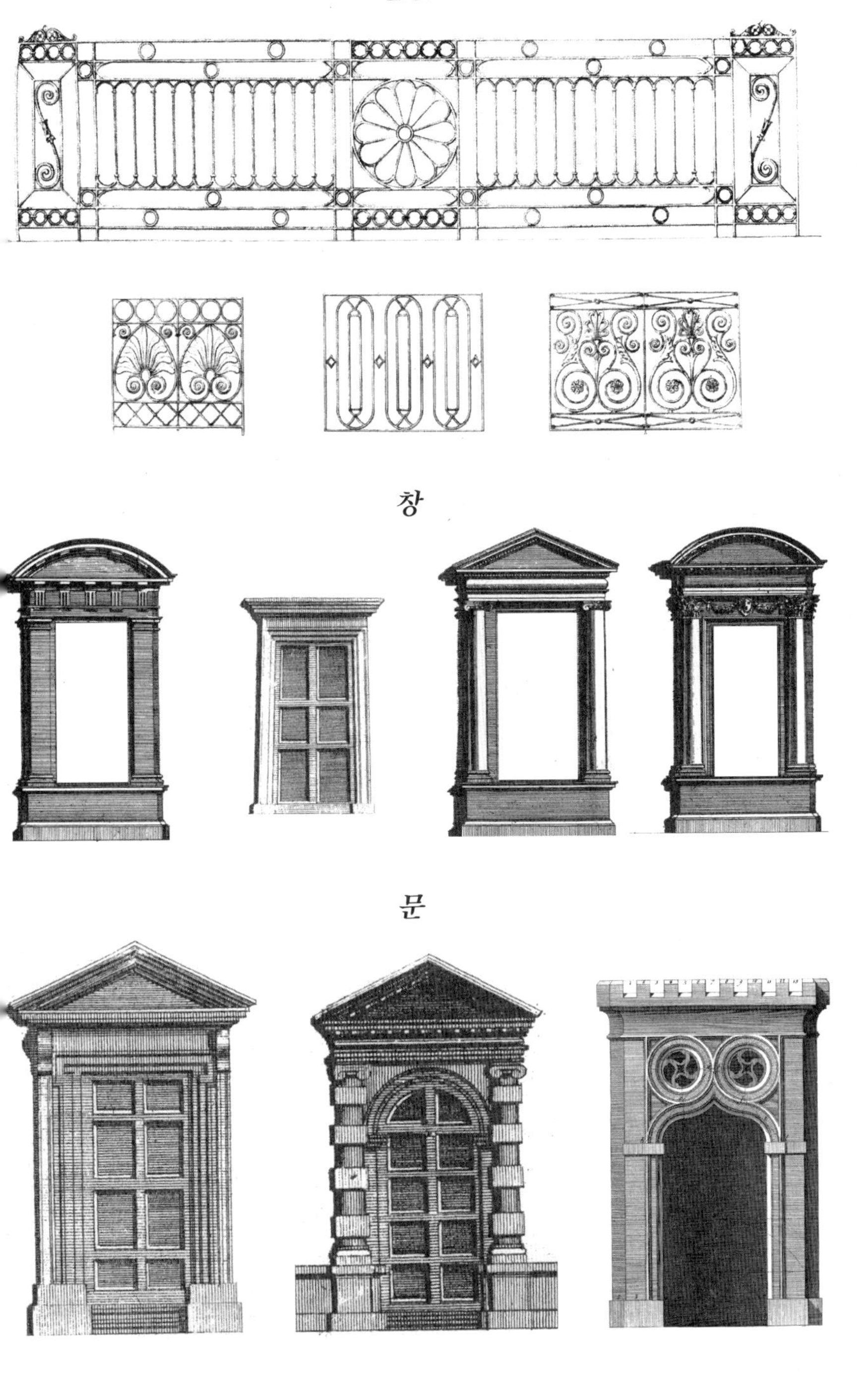

모더니스트들이 패턴북 문화를 내던지는 순간, 그 안에 담긴 유용함도 함께 사라져 버렸다. 그렇게 오늘날 디자이너는 패턴북 사고 체계가 제공하던 지혜와 편리함을 빼앗기고 툭하면 따분한 건물을 만들게 되었다. 과거의 디자인을 무작정 베끼지 않으면서 인간적인 건축물을 짓도록 도와줄 새로운 패턴북의 시대를 우리가 열 수는 없을까?

A COLLECTION OF DESIGNS IN ARCHITECTURE

WINDOWS
DOORS
BALCONIES
RAILINGS

LIGHTING
ELEVATORS
CLADDING
COLUMNS

인간 프리미엄

따분한 건물보다 인간적인 건물이 만들기 어렵다는 건 분명한 사실이다. 건물에 적절한 시각적 복잡성을 구현하는 일은 지금보다 과거에 훨씬 수월했는데, 소재 자체가 이미 복잡성을 내재하고 있었기 때문이다. 반면 지금의 우리에게는 유리·얇은 알루미늄 박판·실리콘 밀봉재 같이 저렴하고 효율적인 재료로 건물 표면을 설계하는 일이 예사다. 이처럼 대량 생산된 현대식 재료는 멸균된 양 차갑고 척박하다. 시간의 흔적을 담아내기에는 턱없이 빈약한 화폭을 만들어 낼 뿐이다.

재료 자체가 무미건조하다 보니 그만큼 더 노력해야만 건물의 개성과 흥미를 살릴 수 있다. 이왕 알루미늄을 쓸 거라면 흥미롭고 눈에 확 띄도록 평평하지 않은 패널로 만들어보는 건 어떨까? 대량 생산된 벽돌을 쓸 거라면 전부 똑같은 색이나 톤은 좀 그렇지 않을까? 벽돌을 마구 뒤섞어 입체적인 패턴을 만들어보는 건? 수십 년 후에는 날씨와 먼지의 공격으로 더 복잡하고 멋진 패턴이 되도록? 아니면 몰탈로 뭔가 흥미로운 시도를 해볼 수도 있지 않을까? 벽돌처럼 낡을수록 멋이 드는 고전적인 재료를 사용하지 않기로 택했다면 대체재가 같은 효과를 내야 마땅하다. 여기서 문제는 인간적인 재료 및 기법에 돈이 너무 많이 들어간다는 점이다.

빠듯한 예산은 불가항력이다. 그렇다 한들 그 핑계로 또다시 따분한 건물이나 지을 수도 없는 노릇이다. 혹자는 우리 일이 스튜디오에서 상상의 나래를 펼치면서 재미있는 발상이나 내는 거라고 생각한다. 그 발상이 뭐든 간에 의뢰인은 즉각 승인하고 달라는 만큼 돈을 주리라고. 그럴리가. 수정하고 또 수정하고 다시 수정하는 과정을 무한 반복하면서 주어진 예산 내에서 자원을 최대한 효율적으로 집중하여 기발한 안을 내는 게 우리가 하는 디자인이라는 일이다.

2010년 상하이 세계 엑스포에서 영국관을 완성했을 때의 일인데, 다른 나라 건축가 한 명이 오더니 우리더러 예산을 많이 받아 좋겠다고 했다.

그런데 실제로는 그 사람이 받은 예산이 우리 예산의 두 배 격이었다고 하더라.

싱가포르 난양이공대학의 강의동인 '더 하이브The Hive' 건축을 의뢰받았을 때 우리 스튜디오는 심각한 재정적 제약에 부딪혔다.

한발 더, 말 그대로 한발만 더 가는 것이 답일 때가 있다. 건물 주변의 보도를 독특하고 흥미로운 형태로 만들고 싶었지만, 우리 예산으로는 제일 저렴하고 따분해 보이는 점토 타일만이 가능했다. 급기야는 팀원 하나가 몇 시간이고 시내를 헤매는 것이 아닌가? 보이는 건축 자재상마다 "타일 가격으로 살 수 있는 석재가 없을까요? 뭐라도 괜찮습니다." 물으면서.

마침내 재고분의 규암석을 공급할 수 있다는 사람을 찾아냈다. 물고기 비늘처럼 은빛 광채를 내는 독특한 석재였다.

작업 과정 중에는 창의력을 발휘해야 할 때도 더러 있었다. 더 하이브의 외부는 인접국 말레이시아에서 제작한 1,000개의 곡면 콘크리트 패널로 구성되어 있다. 비록 예산 문제로 하나의 주형만 쓸 수 있었지만, 각각의 패널이 다 다르게 보이도록 하는 게 우리의 목표였다. 우선, 주형 안에 특수한 화학 젤을 발라 시멘트 표면이 굳지 않도록 했다. 이렇게 하면 나중에 씻어낼 때 거친 돌을 연상시키는 멋진 질감이 드러난다. 패널마다 다른 위치에 젤을 발라 최대한 복잡하고 다양하게 만들었다. 또 주형을 매번 다른 반경으로 휘어지게끔 설계하여 곡선의 각을 약간씩 바꾸고, 주형 내벽을 따라 이곳저곳에 고무 조각을 배치했다. 덕분에 훨씬 더 다양하고 예측 불가한 입체성을 얻을 수 있었다. 결과물을 처음 마주한 순간, 내 안의 완벽주의자는 질겁해서 '이게 다 뭐지? 완전함이랑은 거리가 멀잖아.'라고 소리쳤다. 하지만 패널이 차례로 조립되는 모습을 보며 그 불완전함만큼 귀중한 것도 없음을 깨달았다. 완벽한 패널만 있었다면 오히려 완벽하게 따분한 건물이 탄생했을 것이다.

층층이 쌓인 거대 타원형 강의실도 강의실이지만 차치하고, 더 하이브의 견고한 콘크리트 벽에는 예술가 사라 파넬리Sara Fanelli의 잉크 드로잉 700점이 새겨져 있다. 반복적인 디자인이지만 아주 정교하고 복잡하게 배치되어 웬만한 행인은 반복을 눈치채지 못한다. 제일 싼 콘크리트를 사용할 수밖에 없었던 터라 기포와 돌멩이로 결함이 가득한 표면이 나왔다. 하지만 파넬리의 매력적인 디자인이 시선을 분산시켜 실제로 벽이 얼마나 울퉁불퉁한지는 눈에 들어오지도 않는다. 그렇게 완성된 건물은 거칠지만 따스하고, 독특하면서도 친근한 느낌을 갖게 되었다. 비슷한 크기의 주차장보다 대단히 많은 돈이 들어간 것도 아니다.

물론 조금 더 들긴 했는데, 대단한 차이는 아니었다. 하지만 우리가 사는 세상을 다시 인간화하는 일에 진심이라면 그 '조금 더'를 이야기하고 그 '조금 더'의 의의를 받아들여야 한다. 사고방식을 바꿔야만 한다. 도시 계획가든, 부동산 개발자든, 정치인이든, 비평가든, 교사든, 평범한 시민이든, 우리와 우리 아이들이 살아갈 세상을 생기 없는 건물이 질식시키게 내버려두지 않으려는 사람이라면 누구든, 인간적인 건물을 짓는 데 필요한 '조금 더'를, 그 추가적인 예산과 노력을 서로에게 요구해야 한다.

재–인간화의 다른 이름은 가치관의 전환이다.

불가능할 것 같다고? 과연 그럴까? 우리가 공유하는 가치는 끊임없이 변화한다. 100년 전 인간과 지금의 인간은 다르다. 어릴 땐 말린 바나나를 학교에 가져가면 별종 취급을 받았다. (나뿐만이 아니다. 엄마는 마크로비오틱이라는 자연식을 먹었고 아빠는 케이티 모스가 유행시키기 15년 전에 벌써 버켄스탁 샌들을 신었으니까.) 지금은 모든 게 변했다.

인간은 반 세대만 지나도 다른 존재가 된다. 인종부터 젠더 · 지속 가능성 · 환경에 이르기까지, 방대한 이슈에 관련하여 우리의 생각은 진화했다. 흡연 인구는 줄었고, 안전벨트를 매는 사람은 늘었으며, 많은 사람이 비건식으로 돌아섰다. 1996년 호주에서 발생한 포트 아서 학살 사건 이후 공분한 대중에 의해 총기 소지에 대한 법률과 인식이 급격히 바뀌었고, 그 결과 호주의 총기 사망자 수가 대폭 감소했다. 영국에서는 지난 수십 년간 음식에 대한 가치관이 대폭 변화했다. 유명 요리사인 제이미 올리버Jamie Oliver의 캠페인 덕에 2005년부로 터키 트위즐러 같은 가공식품이 학교 급식에 올라오지 못하게 된 것이다.

우리는 깨달았다. 싼 값이 가장 중요한 가치가 아니라는 것을.

우리는 깨달았다. 아이들의 식탁이 효율로 물들어서는 안 된다는 것을.

이제는 주장할 때다. 건물도 '영양가'가 있어야 한다고, 우리가 마주하는 건물이 우리 삶을 풍요롭게 해야 옳다고.

우리는 단호히 거부해야 한다. 부동산 개발업자는 수지 타산만을 신경 쓰는 냉정한 자본가이며 그들에게 인간적인 공간을 기대하는 건 어리석은 일이라는 낡고 지겨운 주장을.

부동산 개발업자는 150년 전에도 수지 타산만 신경 쓰는 냉정한 자본가였다. 150년 전 그들도 마찬가지로 이윤을 원했다. 그럼에도 현관문 위에 곡선·처마·몰딩·처마 돌림띠·스테인드글라스를 넣으려 애썼다. 평균 소득과 삶의 질이 지금보다 훨씬 낮았는데도 대개 그랬다는 말이다. 우리는 왜 못할까?

과거에는 흥미로운 건물을 짓는 비용이 그렇게 비싸지 않았다는 주장도 있으나, 이 또한 사실이 아니다. 미국의 건축가 마이클 베네딕트Michael Benedikt의 말을 들어보자.

"사람들은 제2차 세계대전 이전 건물, 즉 높은 천장·여닫이 창·잘 구획된 방·뚜렷한 몰딩·단단한 벽·아름다운 장식을 갖춘 건물을 지금도 높게 평가한다. 오늘날 '비용이 너무 많이 들어' 불가능하다고 한숨 짓게 하는 이런 건물은 사실 그때도 지금만큼 비쌌다. 당시에도 건설 비용은 비교적 높은 편이었으며, 재산·시간·소득에 차지하는 비중을 따지면 지금보다 훨씬 높았다고도 볼 수 있다."

우리 사회는 점점 더 적은 돈으로 새 건물을 지어 올린다. 영양가라곤 없이 정서적으로 메마른 건물이 되는 것은 당연한 수순이다.

이어지는 변명은 이렇다. '위기의 시대잖아! 세상 돌아가는 꼴을 좀 봐. 지금 같은 위급 상황에 인간적인 건물이 뭐가 중해?'

도대체 언제쯤이면 싸구려 건물을 정당화하는 '위기'가 사라질까? 좋은 건물이라니 해일 앞에서 조개나 줍는 꼴이라는 말에, 계속해서 미루기만 하는 사고방식에, 우리는 맞서야 한다.

기후위기가 심각한 건 사실이다. 중대한 문제인 것도 맞다. 그러나 동시에 우리는 역사상 그 어느 때보다 부유한 현실을 살고 있다. 건설에 쓰는 비용 역시 전에 없이 많다. 세계적으로 우리가 건설에 퍼부은 돈이 2014년에는 9조 5천억 달러였다가 2019년에는 11조 4천억 달러까지 늘었다.

1723 년에도 우리는

723 년에도 우리는

23 년에도 우리는

3 년에도 우리는

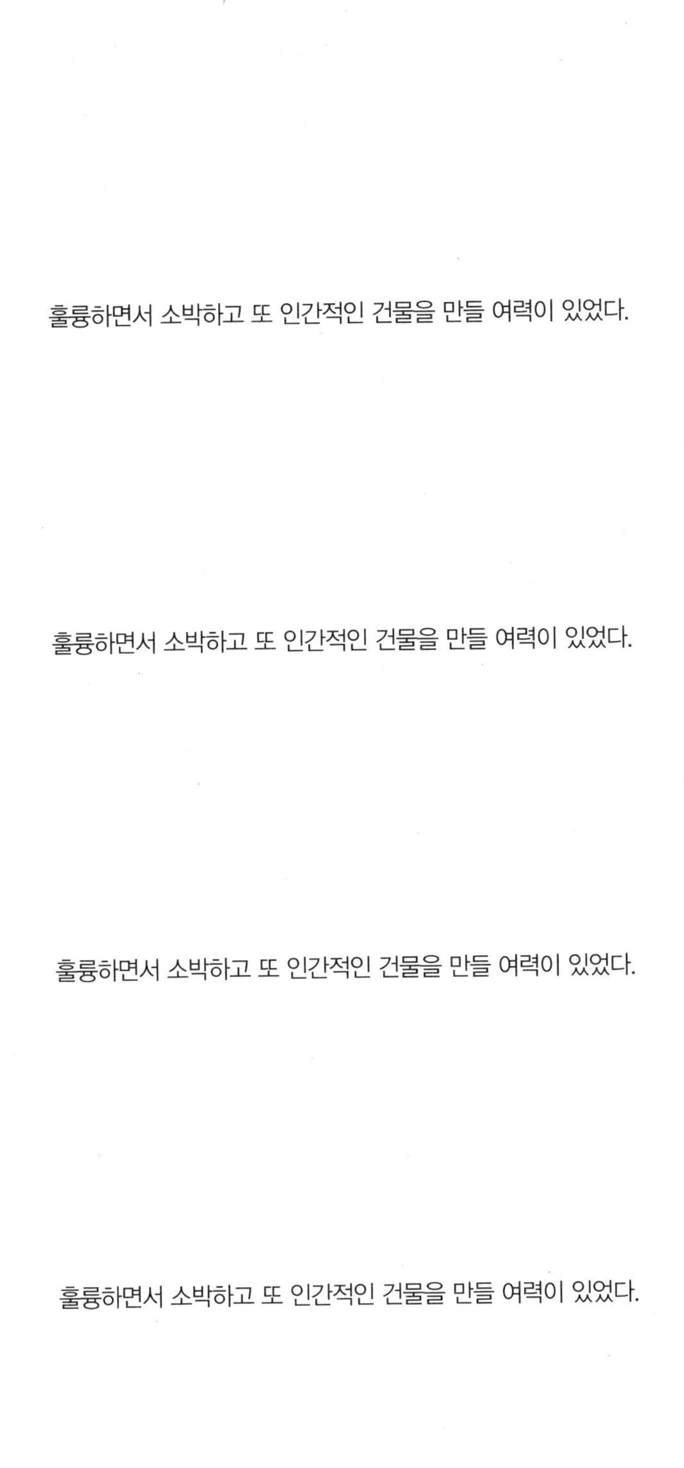

훌륭하면서 소박하고 또 인간적인 건물을 만들 여력이 있었다.

훌륭하면서 소박하고 또 인간적인 건물을 만들 여력이 있었다.

훌륭하면서 소박하고 또 인간적인 건물을 만들 여력이 있었다.

훌륭하면서 소박하고 또 인간적인 건물을 만들 여력이 있었다.

20세기 초까지만 해도 전 세대가 해낼 수 있었던 일이다. 지금의 우리가 못할 리가 없다.

그런데 얼만큼의 '조금 더'가 적당한지는 어떻게 알 수 있을까?

우리 스튜디오는 이럴 때 의뢰인에게 두 가지 안을 제시한다. 첫 번째 안은 가장 적은 비용을 들여 기초적 기능과 필수 규정만 충족시키는 식으로 프로젝트를 끝내는 것이다. 이런 간략형 설계는 예외없이 비인간적이지만 밑그림이 되어준다. 뒤이어 5~10퍼센트 정도 더 비싸지만 진정으로 인간적인 설계가 가능한 두 번째 안을 살펴본다. 여기서부터 세상 물정 모른다는 인상을 주지 않으면서 의뢰인과 비용 및 편익에 관해 진솔한 대화를 나눌 수 있게 되는 것이다. 이런 대화야말로 진짜 흥미진진한 대화다.

인간적인 건물의 경우, 초기 비용이 더 들더라도 장기적으로는 훨씬 경제적일 수 있다는 사실을 잊지 말아야 한다. 철거 가능성이 낮아 큰 돈 들여 다시 새 건물을 지을 필요가 없기 때문이다. 전 세계 건설 폐기물 처리 비용은 2026년까지 연간 344억 달러에 이를 것으로 예상된다. 미국 내 건설 폐기물의 90퍼센트가량이 철거에서 발생한다.

건물이 사랑받지 못해 살아남지 못하고, 그렇게 철거된다. 막대한 돈이 새어 나간다. 우리는 세상을 다시 인간화함으로써 수십억 달러를 아끼고 철거로 인한 탄소 배출을 크게 줄일 수 있다.

건설업에는 '그린green 프리미엄'이라는 개념이 있다. 지속 가능성을 보장하기 위해 합의된 환경 기준을 적용하는 것으로, 점점 더 많은 의뢰인이 건물을 신축할 때 그린 프리미엄을 도입한다. 어떤 때는 단순한 도입을 넘어 자랑스럽게 여기기까지 한다. 그린 프리미엄은 지난 몇십 년간 우리 사회의 가치 전반이 바뀌었음을 보여준다. 이제 우리에게는 지구는 지키는 일이 최우선 가치가 되었다. 하지만 지속 가능성이라는 큰 그림을 완성하기에는 부족하다.

이제는 요구할 때다. 그것은…

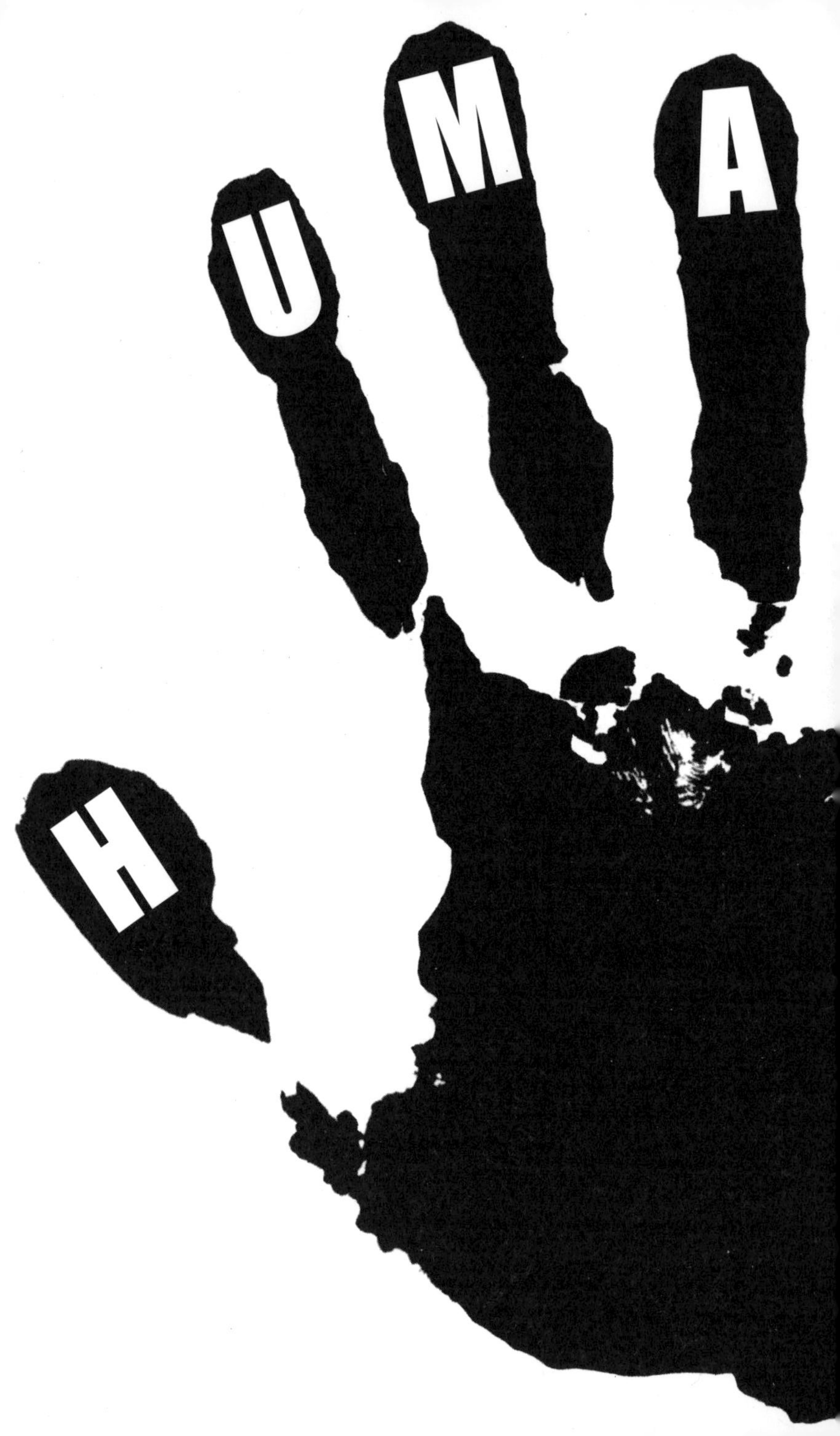
H
U
M
A

인간 프리미엄

달리

생각 전환만으로는 세상을 더 인간답게 만들 수 없다. 식상함-대유행을 종식시키고 모더니즘 건축이라는 컬트를 끝장내려면 건설업계는 물론 평범한 행인이 움직이는 방식에도 혁명이 필요하다. 나는 지난 30년을

움직이기

인간적인 건물을 짓는 데 매진했고, 그 과정에서 운 좋게도 다양한 분야의 사람들을 만나 함께 의미 있는 변화를 고민할 수 있었다. 더 인간적인 세상을 건설하기 위해 우리가 할 수 있는 일이 있다. 다음 쪽을 보자.

건축가라는 직업에 대한 재고

19세기, 그러니까 건축이 전문직으로 자리 잡고 보호받기 시작하던 시기에 역사는 치명적인 실수를 범했다.

1982년 짤막한 책 한 권이 출간되었다. 책은 변화의 여파를 우려하는 건물 디자이너들의 열정적인 목소리로 가득했다. 『건축, 직업인가 예술인가: 건축가 자격과 양성에 대한 13편의 짧은 에세이Architecture, a Profession or an Art: Thirteen Short Essays on the Qualifications and Training of Architects』에서 저자들이 내놓은 예측이 흥미롭다. 그 유명한 옥스퍼드 '탄식의 다리'를 설계한 토머스 그레이엄 잭슨Thomas Graham Jackson이 서문에서 주장하기를 "건축가는 현재 회화와 조각이라는 자매 예술과 단절된 채 고통받고 있다. 직업적 구속을 강화하면 건축가는 자매로부터 영영 동떨어져 그 안에 남아 있던 예술의 작은 불씨마저 꺼지고 말 것이다. 건축이 다시 살아나려면, 직업이라는 관념은 사라져야 한다."

같은 책에서 고딕 건축가인 조지 프레드릭 보들리도 이렇게 말한다. "예술적 역량을 제대로 평가할 수 없는 시험에 의존하여 건축을 폐쇄적이고 공인된 직업적 소명으로 만들려는 시도, 우리는 그것에 반대한다. 건축에는 어떤 제약에도 구애받지 않은 채 우뚝 서 있는 우리의 여왕처럼 드높은 예술적 자유가 필요하다."

이들의 우려와 예견은 지난 세기에 걸쳐 거듭 현실로 드러났다. 책이 출간된 이후, 실제로 '건축가'라는 역할은 지나치게 전문화되었고, 진정한 예술의 영역에서 점점 멀어졌다.

게다가 건축이라는 직업은 막대한 시간과 자연을 들여야지만 진입할 수 있는 영역이 되었다. 숨 막힐 정도로 계급에 옥죄어 있던 19세기만 해도 귀스타브 에펠이나 조지프 팩스턴 같은 노동자 계급 출신이 (에펠탑, 수정궁처럼) 자국에서 가장 사랑받는 건물을 만들어 내는 일이 가능했다. 역사가 아담 샤는 이들이 "학구적인 유산 계급 출신 건축가와는 대조적으로 그저 주어진 일에 묵묵히 매진하여 자수성가한 실력가"의 이미지를 구현했다고 말한다.

건축의 과도한 전문화가 불러온 피해를 우리가 되돌릴 수 있을까? 건축가란 무엇인지, 어떻게 양성해야 하는지, 또 건축 자체를 어떻게 실천해야 하는지를 다르게 생각해 본다면?

앞서 모더니즘 건축가들과의 만남에서, 우리는 그들 중 상당수가 스스로를 예술가로 여겼다는 사실을 눈여겨보았다. 르 코르뷔지에, 그 모순 가득한 따분함의 신마저 "모든 예술의 정점에 건축이 있다"고 믿었다.

내가 이런 류의 생각을 순진하고 오만한 착각으로 여긴다고 생각할 수도 있겠다.

아니다.

나는 건축가가 자기를 예술가로 보는 게 문제라고 생각하지 않을뿐더러, 오히려 아닌 게 아니라 건축가는 실제로 세상에서 가장 큰 예술품을 만드는 이라고 믿는 쪽이다. 진짜 문제는 그들의 작업 태반을 전혀 '예술'라 부를 수 없다는 점이다. 예술이라고 스스로를 속이면서 사실은 관습적인 사고에 갇혀 있는 것이다. 한편, 비건축가가 뜻깊은 건물을 지을 기회는 저항에 가로막혀 있다. 현실로서.

한 25년 전쯤, 어떤 현대 미술관의 설계 공모가 떴다. 참가하고 싶었지만 공인된 건축가여야 한다는 참가 요건 탓에 포기할 수밖에 없었다. 몇 년 후, 런던에서 열린 강연에서 해당 공모전의 디렉터와 심사위원장을 만났다. 청중 앞에서 역대 최고로 좋아하는 미술관이라며, 건축가가 아닌 예술가에 의해 설계된 독일의 한 갤러리 이야기를 하는 그들에게 손을 들고 질문했다. "예술가가 설계한 미술관을 가장 좋아하신다면서 정작 공모전에는 예술가가 참가하지 못하도록 막으셨는데, 어째서죠?"

이런 대답이 돌아왔다. "아, 사실은 당선된 건축가와 협업하는 예술가가 있었습니다." 나는 완공된 건물을 잘 알고 있었는데, 그 어디서도 예술가가 관여했다는 말은 듣지 못했다. 그들이 예술가의 기여를 얼마나 하찮게 여기는지 알 수 있는 사례였다.

실망감을 안고 강연장을 나왔다. 하지만 예술적인 사고가 건축이라는 예술 안에서 다시금 꽃피울 가능성을 엿본 시간이기도 했다.

예술가

출격

건축가가 더 이상 예술적으로 생각하지 못하는 이유 중 하나는 건축이라는 일 자체가 엄청나게 복잡해졌기 때문이다. 지난 100년간 건축 안에서 법적, 정치적, 규제적 측면이 엄청나게 몸집을 불렸다. 건물 하나를 짓는 데 들어가는 기술과 선택의 폭 역시 기하급수적으로 늘어났다. 예술적이고, 안전하면서, 지속 가능하고, 정치적 대변인인 데다, 영업맨에, 다양한 팀을 이끄는 리더까지 되기란 사실상 불가능하다.

창의적인 계획 수립부터 시작해 도면 제작, 경영, 비용 산출, 각종 규제 헤쳐 나가기, 현장의 실무자들을 이끄는 일까지 모든 것을 책임지는 거장으로서의 리더는 장밋빛 환상에 불과하다. 확신하건대 나는 절대 못 다 할 일이다.

우리는 건축가 어깨의 짐을 나눠야 한다. 더 다양한 배경과 다채로운 감수성을 가진 사람들이 역할을 분담하고 기여할 방법을 찾아야 한다. 건축 입문을 훨씬 더 포용적으로 만드는 방법도 있겠다. 자격을 얻는 데 7년이나 걸린다면 유복한 배경의 젊은이가 아닌 다음에야 꿈도 꾸기 어려울 것이다.

건축이라는 직업을 개방하고 학계와 전문화의 빗장을 풀 더 많은 방법이 필요하다. 더 짧고 저렴하면서 건축 설계의 창의적이고 감성적인 측면과 제작 실무에 집중하는 교육을 상상해 보는 것도 좋겠다. 이런 접근은 건축업으로의 사회적 유동성을 높이고, 무엇보다도 업계에 다양한 배경·관점·발상을 불러들인다.

건축 업계의 빗장을 풀 또 하나의 방법은 다른 분야에서 활동하는 창의적인 사람들과 더 많이 협력하는 것이다. 대표적으로 가우디 같은 건축가도 함께 작업한 예술가들이 단순히 문고리나 전등을 만드는 데 그치지 않고 프로젝트 전반에 총체적인 영향을 미쳤다. 웨스 앤더슨이 사무실 단지를 설계한다면, 비요크가 의사당을 짓는다면, 조지 R. R. 마틴이 호텔을 설계한다면, 뱅크시가 800채의 서민 주택 단지를 개발한다면 어떤 모습이고 어떤 느낌일까? 이런 예술가들과 힘 합쳐 쓸모 있고 의미 있는 일을 할 수 있다면 얼마나 좋을까?

나 역시 포스터 + 파트너스Foster + Partners, BIG, 리나 고트메Lina Ghotmeh 같은 훌륭한 건축 사무소와 공동으로 프로젝트를 진행해 본 경험이 있다. 발상부터 재능까지 우리 팀과 그들 팀은 매우 달랐지만, 파트너로서 건물을 함께 디자인하며 공로가 됐든 비난이 됐든 모두 동등하게 나누기로 합의했다. 어떤 아이디어가 누구에게서 나왔는지 밝히지 않는다는 게 정말 마음에 든다. 덕분에 쓸데없는 자존심은 뒤로하고 진정한 모험 정신으로 협업할 수 있었다.

교육을

하지만 협업만으로는 따분함이라는 컬트를 끝장낼 수 없다. 우리는 또한 업계 내부에 자생하는 컬트적 사고의 고리를 끊어야 한다. 늙은 대가가 한창 외부 자극에 쉽게 흔들리는 젊은 세대에게 자기의 가치관을 주입하는 것이 지금의 교육이다. 컴퓨터 코딩 분야의 교육 혁신 사례를 건축 교육에도 적용할 수 있지 않을까? 프랑스의 에꼴 42École 42나 영국의 01 파운더스01 Founders 같은 단체는 교사 없는 '동료 간 학습'으로 신개념 창의력 육성법을 선도하고 있는데, 이 방법은 학생으로 하여금 교사의 지시를 따르는 것이 아니라 서로를 지도하고 스스로 해결책을 찾도록 한다.

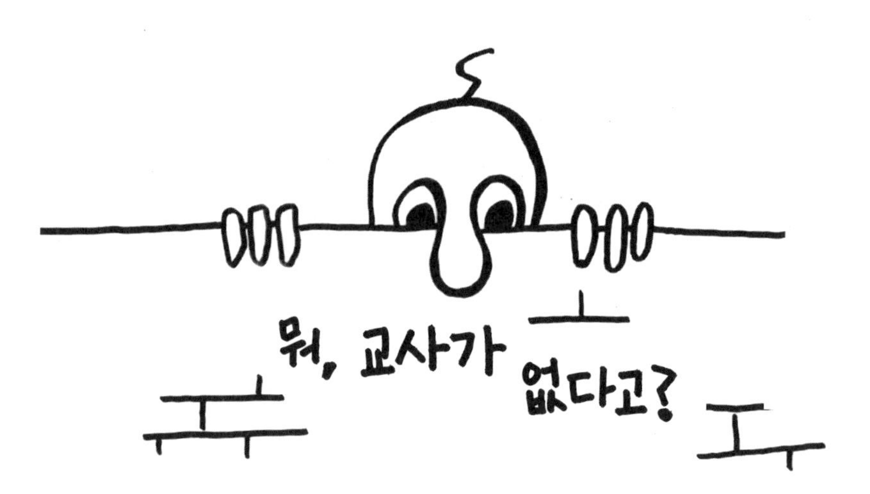

인간화

학생들이 지성뿐만 아니라 감성으로 세상을 바라볼 수 있도록 격려하는 자기 주도적 학습 프로그램, 건축계에서도 충분히 개발할 수 있다고 생각한다. '품평회'는 위계 없는 환경에서 이루어질 것이다. 새로운 물결이 재능 있고, 기존의 관습이나 제약에서 비교적 자유로운 인재를 우리에게 데려다주지 않을까? 지루한 획일성이 자리하던 곳에 미적 다양성이 활짝 피어날 수 있다니, 상상만 해도 가슴이 설렌다.

영국의 교육 시스템에서 항상 놀라웠던 것은, 수습 건축가들이 도시 계획가들과 거의 접점이 없다는 사실이다. 계획가적 시각에 대한 이해가 교육 과정에서 빠져서는 안 된다. 이를 발판으로 대중적 시각에서 세상을 보는 법도 익혀야 한다.

도시 계획가들이 받는 교육도 개선할 수 있을까? 인간적인 건물의 원칙을 가르치고 정책의 세세한 부분보다 인간 경험에 집중하게 만들 수도 있지 않을까? 분명한 건 계획가들이 건설 업계에 언제나 거리낌 없이 의문을 제기할 수 있어야 한다는 것이다. '이 프로젝트는 어떻게 인간적인가?' '사람들에게 어떤 느낌을 줄 것인가?' '감정을 주 기능으로 하나?' '문가 간격에서 적절한 시각적 복잡성을 갖추고 있는가?' '천 년 사고는 어디에 있나?'

마지막으로, 더 많은 제작자를 양성할 수 있다면 정말 좋지 않을까? 모더니즘 운동이 목공·납공·유리공·미장공 등 전문 기술자에 대한 수요를 없애면서 해당 직업은 자취를 감췄다. 150년 전 지구에는 건물을 흥미롭게 만들 준비가 된 숙련공이 족히 수백만은 있었다.

그렇다고 과거의 공예 형식을 지나치게 낭만적으로 볼 필요는 없다. 꼭 전통 재료와 과정에 의존해야만 새 건물을 흥미롭게 만들 수 있는 건 아니기 때문이다.

3D 프린트로 벽 만들기 :
이동식 노즐이 콘크리트를 치약처럼
층층이 짜내고 있다.

입체적인 형태와 시각적 복잡성을 만들어 낼 획기적인 방법은 이외에도 많다. 레이저 절단, 컴퓨터로 제어되는 재료 가공 장치, 건물 벽을 만들 수 있는 3D 프린트 등이 그 예다. 가우디와 오스만이 이런 최신 제작 기법을 활용할 수 있었다면 얼마나 혁신적인 건물이 탄생했을지 상상해보자. 새로운 세대의 창작자들이 인간적인 디자인을 배운다면 어떤 일이 일어날지도.

도시 계획을

도시 계획 과정은 종종 대중에게 배타적이다. 영국은 아직도 깨알 같은 전문 용어로 가득한 개발 계획 공고를 가로등에 붙인다. 지어질 건물의 설계도를 온라인에서 찾을 수 있다 하더라도 여전히 접근은 쉽지 않고, 이해하기도, 의견을 내기도 쉽지 않다. 이 과정은 일종의 필터다. 건물에 관심이 있는 평범한 행인은 걸러버리고 화난 사람, 고집 센 사람, 과격한 사람만을 남겨놓는다. 그렇게 남은 사람들은 너무 쉽게 괴짜나 님비족NIMBY*으로 치부된다.

다른 나라들은 그래도 좀 더 21세기적인 접근 방식을 취하고 있다. 캐나다에서는 거리 게시판에 컬러로 뽑아 놓은 개발 계획안을 봤다. 개발 범위가 표시된 지도와 함께 보다 자세한 가상 현실 모델을 볼 수 있는 QR 코드, 의견을 남기거나 궁금증을 해소할 수 있는 방법이 안내되어 있었다.

도시 개발 계획을 사람들과 연결하고 심지어는 어린이에게도 흥미롭고 이해하기 쉽게 만드는 방법이 있다. 바로 폭넓은 팬층을 거느리고 있는 건설 경영 시뮬레이션 게임, 마인크래프트에 제출하는 것이다. 사람들은 게임을 통해 마치 가상 세계의 레고처럼 시공 전에도 건물을 경험해 볼 수 있게 된다.

* NIMBY : Not in MY Back Yard (내 뒷마당에는 안 돼)

인간화

마인크래프트는 이미 지역 사회가 공공장소를 재구상하고 유대감을 구축하는 도구로 자리매김했다.

블록 바이 블록Block by Block 프로젝트는 베이루트 동부의 여러 집단이 부르즈 함무드Bourj Hammoud에 있는 방치된 공공 부지를 모임·공연·놀이 공간으로 탈바꿈할 수 있게 도왔다.

세계 어디에 있든, 우리에게는 대중을 핵심 고객으로 환영하며 존중하는 시스템이 필요하다. 신축 건물과 대중이 얼굴을 마주하고 있기 때문에.

지역민들이 마인크래프트로 만든 건물과 조경 모형

나라나 지역을 막론하고, 우리에게는 대중과 만나는 신축 건물이라면 응당 대중을 핵심 고객으로 환영하며 존중하는 시스템이 필요하다.

규제를

오늘날의 규제 시스템은 안전을 지나치게 중시하는 따분한 설계에 너무나 자주 유리하게 작용한다. 하지만 입체성 같은 특징을 규제로 장려할 수도 있는 법이다. 홍콩에는 시각적으로 복잡한 건물이 많은데, 이는 몇 년 전 정부가 돌출창을 권장한 결과다. 한동안 개발업자들은 밖으로 툭 튀어나온 돌출창을 설치하면 신축 주거 타워 내부의 건축 허용 면적을 늘릴 수 있다는 말을 들었다. 늘어난 면적만큼 더 높은 값을 매길 수 있었기 때문에 개발업자 입장에서는 나쁠 것 없는 일이었다. 하지만 더 중요한 것은, 그렇게 탄생한 타워들이 입체감과 함께 더 이상 평평하고 매끈하지 않아 행인 모두에게 훨씬 흥미롭게 느껴졌다는 점이다.

바르셀로나 거리를 걷는데, 조각 같은 발코니나 인도 쪽으로 완전히 튀어나와 있는 방 덕분에 얼마나 다양한 모습이 만들어졌는지를 알아차렸다.

인간화

길을 따라 걷는 동안 내 머리 위 공간으로 건물들이 튀어나오면서 흥미로움의 폭포처럼 흘러갔다. 거리를 내려다보니 생동감과 개성이 넘쳤다. 흥미롭고, 연속적이지 않으며, 시각적 복잡성을 더해야 한다는 조건 하에 부동산 개발업자와 건축가가 인도 위로 튀어나온 발코니와 방을 만들도록 허용할 수는 없을까? 개발업자는 팔 수 있는 공간이 늘어나 좋고, 우리는 더 흥미로워진 세상에 살 수 있어 좋을 텐데 말이지.

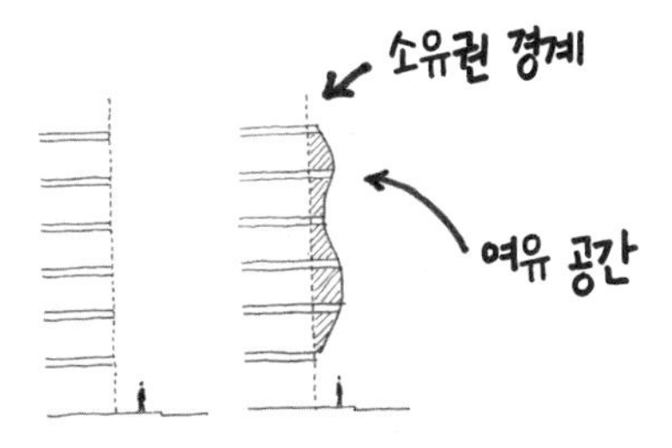

각 도시에 맞는 인간적인 규제를 적용하면, 따분한 건물을 짓는 일은 더 어려워지고 인간적 감성을 담은 건물은 더 쉬워질 것이다.

개발업자 역시 건물을 덜 따분하게 만들고 싶어질 테다. 결국 모두에게 이득이라는 말이다.

모두를 위한

행인의 관심을 끌기 위해서는 개방적이고 따뜻하면서 매력적이고 또 자유롭게 들어갈 수 있는 장소가 꼭 필요하다. 아버지가 나를 런던 웨스트엔드, 그 번잡한 동네에 위치한 디자인 센터에 데리고 갔을 때 나는 처음으로 디자이너의 꿈을 꾸게 되었다. 만일 그 디자인 센터가 없었다면 디자이너의 길을 걷지 않았을지도 모른다. 십대 시절 내내 틈날 때마다 그곳을 찾았다. 하지만 1988년, 대중과 만나던 그 공간이 문을 닫았다. 디자인센터가 사라짐으로써 영국은 얼마나 많은 잠재적 디자이너를 잃게 된 걸까?

런던에 있었던 디자인 센터처럼 흥미롭고 접근하기 쉬운 국립 건축센터가 각 나라마다 있다고 상상해 보자. 주요 도시마다 하나씩 있다면? 새로운 세대의 다양한 건축 디자이너가 성장할 장소가 될 뿐 아니라 개발 계획을 공유하는 장소, 지역 사회가 개발 계획에 마음껏 기여할 수 있는 장소가 될 것이다.

건축센터

동시대 가장 뛰어난 영국 건축가들의 중심에 영국 왕립 건축가 협회RIBA가 있다. 세계 최고이자 세계에서 가장 주요한 건축 기관 중 하나지만, 본부 디자인은 다가가기 어렵고 위압적이다. 이는 단체가 대표하는 건축가라는 직업이 대중의 진정한 감정에 충분한 관심을 기울이지 않는다는 뜻이다. 어떻게 해야 전 세계 마을과 도시 중앙에 RIBA 같은 기구가 들어설 수 있을까? 들어서되, 더 대중적이고 눈에 띄게, 특히 십대들이 접근하기 쉽게. 내게 디자인 센터가 그랬던 것처럼.

건물 실명제

어느 오후, 아는 건축가 한 명이 뜻밖의 고백을 했다. "건축가로 일하면서 형편없는 건물도 많이 지었어요." 적잖이 놀랐다. 이 말을 듣는 순간 최근 건축 업계에 만연한 익명성이 문제적이라는 것을 분명히 알 수 있었다. 건물을 지을 생각이라면 그 건물이 누구의 작품인지 바로 알 수 있게 해야 한다. 우리 사는 세상을 건설한 사람이라면 그게 누가 됐든, 설계자부터 개발자, 시의원, 도시 계획 위원회 위원장까지, 건물 외벽 눈높이 부근에 이름을 새겨 숨지 말고 자신을 당당히 드러내야 한다.

자기 손으로 건물을 세워 놓고 실명제에 반대한다? 그 이유가 뭘까? 자랑스럽지 못할 이유라도 있는 걸까? 왜 자기 작품에 이름을 남기지 않으려 하는 걸까?

상을 인간화

우리에게는 건축계와 건설업계가 아니라 평범한 행인이 주도하는 상과 표창장이 필요하다. 대중은 원하지도 않는 건물을 줘놓고 자화자찬하는 행태를 멈춰야 한다. 심사위원단을 구성할 때도 항상 비전문가의 비중이 높아야 한다.

건축 비평을

어떤 비평가가 어떤 신문 혹은 잡지에서 어떤 말로 이 책을 설명할지 나는 벌써 안다. 이름을 대라면 지금 당장이라도 댈 수 있는 사람들이 기사를 쓸 테고, 전문가들이 거기에 대해 논평할 것이다. 내가 절대 설득하지 못할 사람들.

내가 지금부터 하려는 말이 정신 승리로 들릴 수도 있다. 어차피 신 포도라며 일찍이 선수쳐버리는 여우처럼. 하지만 개인적인 감정에서 하는 말이 아니다. 진심으로 그렇게 믿어서 하는 말이다.

우리에게는 대중의 감정에 좀 더 관심을 갖는 건축 비평가가 필요하다. 우리 사회에서 손꼽히게 추앙받는 일부 평론가들 사이에서 눈에 띄는 공통된 견해가 있다. 대중이 좋아하는 건물이라면 아무튼 조잡하고 창피하다는 것이다.

비평가는 이제 '미묘함', '간결함', '절제', '사려 깊음', '명확한 선', '엄밀함'을 좀 그만 말하고, 대신 인간적인 요소를 진지하게 받아들여야 한다. 또한 디자이너가 이런 인간적 요소를 통합하지 못했을 때 그 실패에 주목해야 한다. 몇 년 전 내가 런던의 대형 프로젝트에 참여했을 때의 이야기다. 일부 컴퓨터 이미지가 예상보다 빨리 공개되었는데, 아직 문가 간격 내 요소들을 충분히 다듬지 않았던 터라 내가 생각하기에도 미비한 상

인간화

태였다. 하지만 저명한 비평가 중 누구도 이 점을 언급하지 않고, 외려 행인 머리보다 한참 높은 곳에 위치하게 될 터인 프라이빗 옥상 정원과 벽면 외장재에만 집중했다. 건물을 지나쳐 걸을 수백만 행인의 입장에서는 가장 사소한 부분인 셈이다.

진짜 세상을 개선하고 싶은 비평가라면 99퍼센트의 건물, 즉 지방 도시의 신축 타워 블록과 도시 외곽에 무분별하게 뻗어 있는 주택 단지를 고려해야 한다. 시드니·베를린·뉴욕·케이프타운·서울 같은 특별한 도시의 1퍼센트가 아니라. 지금으로서는 자기 시간의 99퍼센트를 이 특별한 1퍼센트 이야기에 쓰고 있는 것 같다. 애초에 디자이너가 이미 힘 줄 대로 준 건물들이라 딱히 흠잡을 데도 없을 텐데.

무엇보다도 우리에게는, 건물이 수백만 행인의 감정과 삶에 미치는 영향을 열정적으로 탐구하려는 비평가가 필요하다.

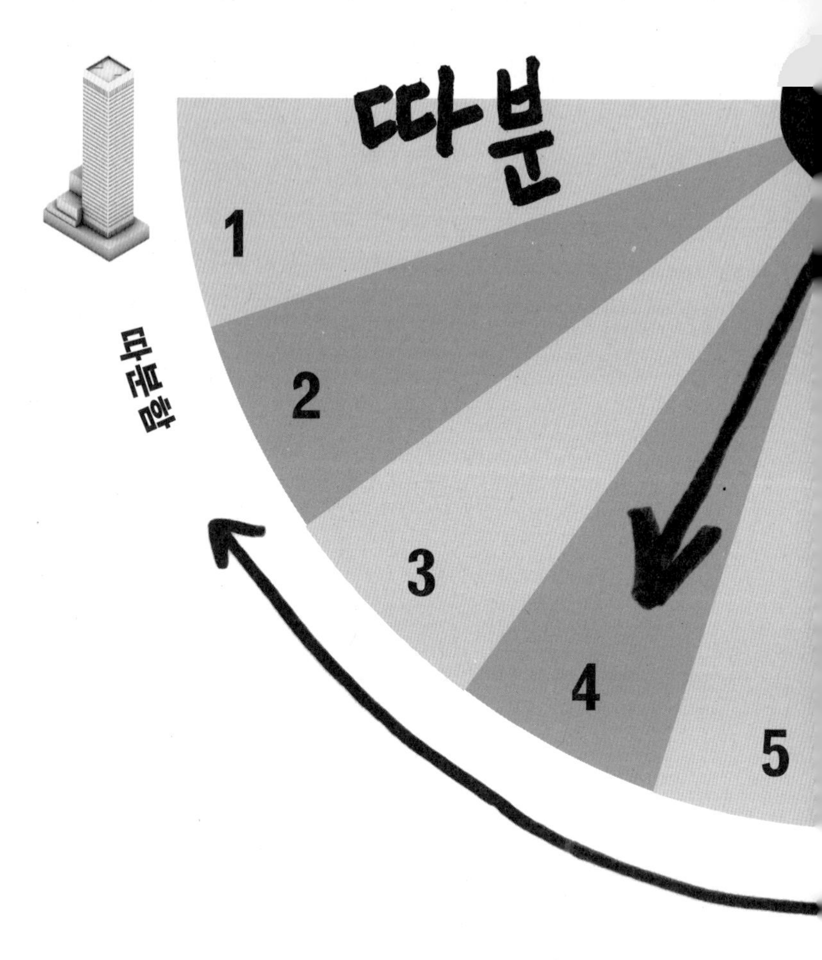

보통은 한눈에 알 수 있지만, 애매한 경우라면 얼마나 평평한지, 밋밋한지, 직선적인지, 단조로운지 자문하는 방법으로 건물의 따분함을 평가할 수 있다. 우리 스튜디오는 '따분측정기Boringometer'를 개발했는데, 이 맞춤형 소프트웨어는 건물 디자인과 그 시각적 복잡성을 행인의 관점에서 측정할 수 있도록 전문가를 돕는다.

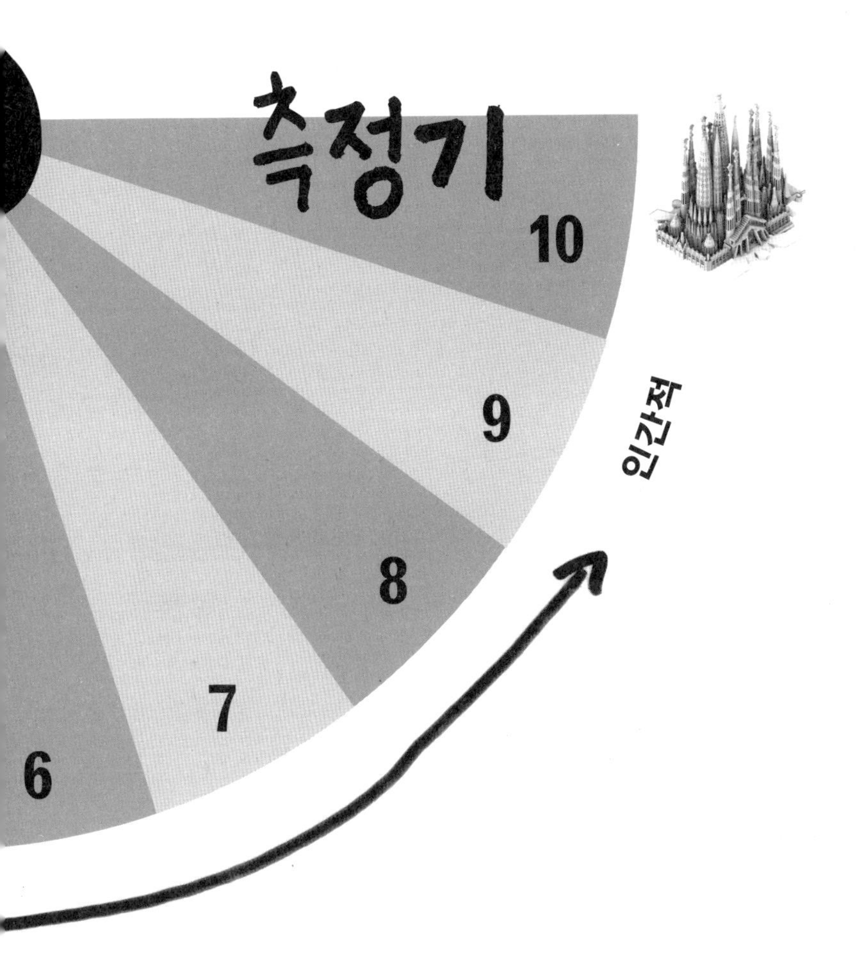

바르셀로나의 라 사그라다 파밀리아처럼 복잡한 건물은 10점 만점에 9점을 받았다. 우리 시험을 거친 평범한 사무실 건물은 모두 10점 만점에 1점이었다.

따분측정기는 건물 정면을 분석하여 다양한 유형의 복잡성을 측정한다. 설계자·의뢰인·계획가는 이를 통해 새로 지어질 건물이 매일 그 앞을 지나칠 행인들에게 시각적으로 얼마나 매력적일지를 파악할 수 있다.

초대형 핀 스크린을 건물 전면에 붙이는 거라고 생각하면 된다.

아래 다이어그램은 따분측정기가 바르셀로나 까사 밀라의 인간적 요소를 어떻게 읽어내는지 보여준다. '디테일'은 가까이서 보면 드러나는 건물 표면의 세부적인 변화를 측정한다. '매스'는 건물의 비교적 큰 형태, 가령 안으로 움푹 들어가거나 바깥으로 튀어나온 구조를 측정한다. '변주'는 이 두 가지 수치를 종합하여 건물의 전반적인 복잡성을 평가한다.

따분측정기가 분석한 까사 밀라

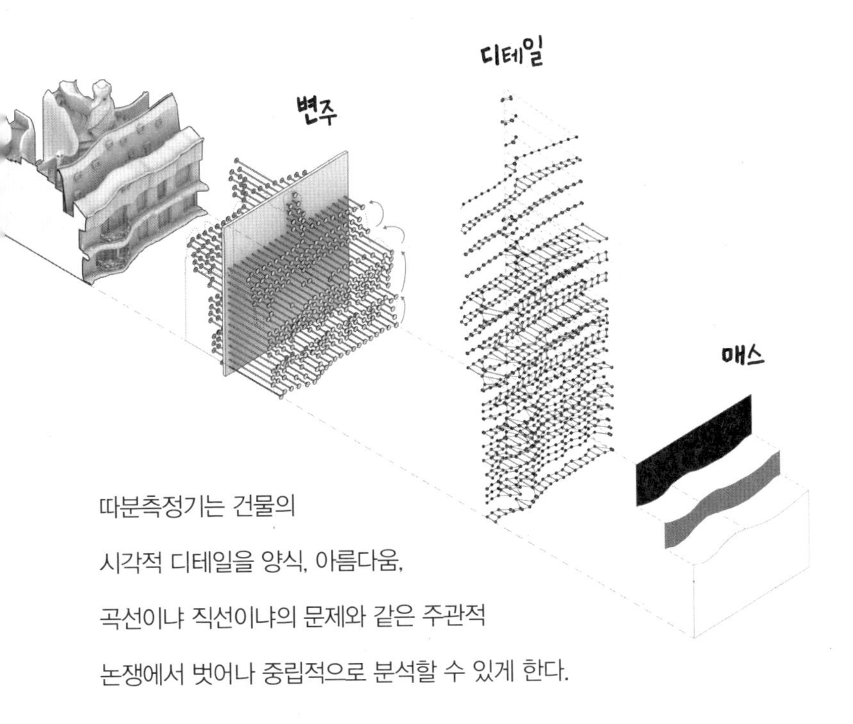

따분측정기는 건물의 시각적 디테일을 양식, 아름다움, 곡선이냐 직선이냐의 문제와 같은 주관적 논쟁에서 벗어나 중립적으로 분석할 수 있게 한다.

따분측정기의 정확한 컴퓨터 계산 지표를 사용하여 구조물의 복잡성이 충분한지 여부를 보다 객관적으로 평가할 수 있게 되었다. 이제는 모든 도시에서 복잡성 기준 충족이 의무인 시대, 기준 미달 시 해당 신규 개발 건의 설계자에게 설득력 있는 근거를 요청할 수 있는 시대로 나아가야 한다.

이외에도 과학적 분석을 제공하는 디지털 도구가 우후죽순 모습을 드러내고 있다. 이런 도구는 사람들이 어떻게 기존의 공간을 사용하고, 어떻게 행동하며, 무엇을 보고, 무엇을 좋아하거나 싫어하는지, 한 마디로 사람들이 어떻게 건물을 경험하는지를 알려준다. 이를 통해 건축가는 수천 개의 데이터에서 도출한 정보를 바탕으로 사람들이 원하는 바를 최대한 객관적으로 파악할 수 있다.

우리 각자가 어떤 장소에 어떤 감정으로 반응하는지 알 수 있게 해주는 놀라운 기술마저 등장했다. 인간은 미세한 표정 변화, 특히 눈과 눈 주변 근육의 움직임으로 자신의 감정을 알린다. 무엇을 보는지, 얼마나 오래 보는지, 동공은 얼마나 확장되는지, 눈 주변 근육이 어떻게 미세하게 변하는지, 그 모든 게 모여 우리가 건물을 경험할 때 느끼는 감정을 잘 보여준다. 건물의 특정 디테일을 바라보며 눈을 빠르게 움직인다든지, 무의식적으로 얼굴을 찡그리거나 눈썹을 치켜올린다든지, 불안으로 눈을 가늘게 뜬다든지 하는 것이 전부 그 사람의 마음과 감정 상태를 드러내는 것이다. 여기에 스마트워치와 건강 지표 추적기로 측정한 심박수·체온·스트레스 반응까지 더하면 건물 디자이너는 특정 구조물이 얼마나 인간적이거나 따분한지에 대한 명백한 증거를 얻을 수 있다. 아직 구상 단계에 있는 건물이 얼마나 인간적인지를 대규모로 시험하는 일도 가능해질 것이다. 가상 세계에 건축 설계도를 입력하면 이를 헤드셋 낀 수천 명이 경험하고, 그 반응이 수집되는 식으로 말이다.

이 같은 신개념 분석 도구들은 흥미로움을 향한 욕구가 인간 본성이라는 사실, 인간적인 건물이 반모더니즘적이라는 말은 틀리고 외려 옛 모더니스트의 작품보다 합리적이라는 사실을 재차 강조하면서 이미 산더미처럼 쌓인 증거에 또 하나를 더한다.

이런 기술의 발전이 나를 낙관적으로 만든다. 미래는 결코 어둡지 않다. 새로운 분석 도구뿐 아니라 새로운 디자인 도구도 있다. 달리DALL-E, 스테이블 디퓨전Stable Diffusion, 미드저니Midjourney 같은 인공지능 플랫폼은 단 몇 초 만에 생각지도 못한 흥미로운 디자인을 만들어 준다.

대학에서는 뚜렷한 목적의식을 가진 신세대 학생 및 교수들이 진정한 변화를 이루고자 노력하고 있다. 네바다 대학교 건축학과 조슈아 버밀리온 Joshua Vermillion 교수는 인공지능을 활용해 새롭고 흥미로운 건물을 설계하며, 학생들에게도 같은 방법을 독려한다.

디자인 업계에도 인간적인 작업을 환상적으로 해내는 인물이 있다. 내가 방문한 적 있는 사회 주택 프로젝트, 에지우드 뮤즈를 설계한 건축가 피터 바버가 그렇다.

싱가포르와 멜버른 같은 도시의 지도자들도 이제 어떻게 하면 도시를 '사랑스럽게' 만들 수 있을지, 어떤 특질이 필요할지에 대해 이야기하기 시작했다.

← 조슈아 버밀리언이 인공 지능으로 생성한 디자인들

이제 소리칠 차례

우리와 우리가 사랑하는 모든 이를 위협하는 재앙이 펼쳐지고 있다. 지난 100년 동안 계속된 재앙은 은밀하게, 서서히 우리 주변을 잠식했다. 어느 날 창문을 열었는데 흥미롭던 거리는 어디 가고 음울한 모더니즘적 거리만 보이는 일 같은 건 없다.

모든 과정이 배후에서 벌어진다.

공사장 가림막이 세워진다.

철거용 쇠공이 내려온다.

크레인이 등장한다.

이내 사고가 마비될 정도의 따분함 차례.

이런 일은 스스로를 감춘다. 하지만 어느새 나에게 일어나고 있다. 의지와 상관없이 눈 깜짝할 새 부러져버린 코처럼.

식상함-대유행은 사람들이 무력하다고 착각할 때만 지속 가능하다.

우리는 우리가 속한 장소에서 두려워 말고 흥미로움을 요구해야 한다. 거리 · 마을 · 도시가 흔한 상품이 되는 것에 반기를 들고 우리 감각을 풍요롭게 할 건물을 만들어야 한다.

나중 문제라며 스스로를 속이지 마라.

이미 지난 한 세기를 유해 건축에 빼앗겼다.

그렇게 더 큰 스트레스와 더 큰 분노, 더 큰 두려움, 더 큰 분열을 겪게 되었다. 우리의 마음을 병들게 하고 지구를 병들게 했다.

2050년에는 세 명 중 두 명이 도시에 살게 될 것이다. 우리는 앞으로도 수만 개의 집, 수만 개의 학교와 수만 개의 병원을 짓게 되리라.

더 이상 따분한 건물이 세워지는 것을 용납해서는 안 된다.

인간은 인간적인 장소에서 살 권리가 있다.

오늘을 사는 우리는 지난 세대가 남겨준 관대한 선물의 수혜자이다. 사람들이 아름다운 건물을 보고자 교토 · 바르셀로나 · 모스크바 · 마라케시 · 루앙프라방 같은 도시로 모여드는 이유는 거기에 모더니즘이라는 컬트가 세상을 장악하기 전 활동했던 디자이너의 작품이 있기 때문이다. 비록 세상을 떠난 지 오래지만 운 좋은 소수는 그들이 지은 주택이나 아파트에 살기도 한다. 그렇다면, 우리와 우리 직전 세대는 미래 세대에게 무엇을 남기는 걸까? 22세기의 관광객이 먼 여행을 감수하고도 볼 만한 장소가 있을까? 과거에는 일상적인 건물조차 흥미로웠다. 그런 건물이 오늘날에는 과연 얼마나 될까? 2퍼센트? 1퍼센트? 우리는 부끄럽게도 마을과 도시를 사랑받지 못하는, 사랑할 수 없는 건물로 뒤덮어 버린 게 아닐까?

따분한 건물의 폐해는 시각적 풍경에만 국한되지 않는다. 우리의 정신 건강에도 해악이다. 우리를 스트레스와 불안과 공포에 시달리게 하고, 즐거움을 빼앗는다. 불행하게 만든다. 따분한 건물은 공정성마저 해친다. 가장 가진 것 없는 사람의 삶을 가장 적극적으로 망쳐 놓는다. 따분한 건물은 지구에 내리는 저주이다. 철거될 가능성이 높기 때문이다. 자연 환경의 파괴는 우리가 직면한 가장 시급한 문제이다. 미디어는 플라스틱 빨대 · 비닐 봉투 · 항공 여행 탓을 하지만 사실 더 심각한 문제는 따로 있다. 사랑받지 못하는 건물을 허물고 그 자리에 또 하나의 사랑받지 못할 건물을 세우는 일, 그것에 중독된 건설업은 항공업보다 5배는 많은 탄소를 배출하고 있다. 오늘날 영국에서 상업용 건물의 평균 수명이 40년에 불과하다는 것은 수치스러운 일이다.

우리는 깨어나야 한다. 우리에게 행해지는 불의를 직시하고 우리의 목소리를 높여야 한다. 너무나 많은 공간이 대중의 감정에는 무관심한 사람들에 의해, 오로지 이윤만을 위해 만들어지고 있다. 돈이 모든 것을 지배하는 가치가 되어서는 안 된다. 건설업이 수많은 사람들의 생각을 가치롭게 여기도록, 그들이 만든 공간을 일상적으로 경험해야 하는 여자와 남자와 아이들의 감정을 존중하도록 요구해야 한다.

우리는 따분함에서 벗어난 세계를 요구해야 한다.

(예상하기로) 자주 묻는 질문들

**그럼 모든 신축 건물이
시드니 오페라 하우스처럼 상징적인 외관을
갖춰야 한다는 말인가?**

당연히 그럴 수는 없다. 모든 신축 건물이 상징적으로 보이려고 무리할 필요는 없다. 다만 건물은 충분한 배려와 복잡성, 감성지능을 바탕으로 매일 건물을 사용하고 그 곁을 지나가는 사람들을 풍요롭게 해야 한다는 말이다.

사실은 그냥 건물이 다르게 보였으면 싶을 뿐 아닌가?

전부는 아니지만 확실히 일부는 그렇다. 언뜻 획일적인 것 같은 오스만 설계의 파리 거리도 자세히 들여다보면 시각적 리듬의 변화로 가득 차 있다. 누구는 이를 '차이를 위한 차이'라고 부를지 몰라도, 나한테는 '인류를 위한 흥미'다.

대중은 고전적으로 보이는 건물만 원하지 않나?

아니다. 대중은 처음 보는 생김새의 건물도 좋아한다. 에덴 프로젝트, 구겐하임 미술관, 시드니 오페라 하우스, 동방명주, 그리고 홍콩이나 도쿄 같은 현대적인 도시로 대중이 몰려들고 있다. 과거의 건축 양식을 자주 언급하는 듯 느껴졌다면 아마 현대적 대안이 충분하지 못해서가 아닐까?

얼마나 많은 사람이 그 생김새를 좋아하는지로 건물의 가치를 정할 수는 없다. 아름다움은 주관적이라는 것도 모르나?

베네치아가 아름답지 않다고 생각하는 사람이 있으면 데려와 봐라. 어떤 사람은 차를 선호하고 어떤 사람은 커피를 선호한다. 이건 주관적인 취향이다. 하지만 무엇이 좋은 커피인지에 대해서는 거의 모든 사람이 동의한다. 계획가 친구가 언젠가 말한 것처럼 "사람들은 똥이면 똥인 줄 안다. 그리고 50년대 이후로 우리가 마셔온 게 그거다. 똥."

전부 부동산 중개인과 개발업자의 잘못 아닌가?

중개인과 개발업자 역시 분명 따분함의 전염병에 연루되어 있다. 하지만 이들의 일에 힘을 실어주는 건 따분함을 정당화할 건물 도면과 언어를 화수분마냥 제공하는 모더니스트 건축가들이다. 그렇기 때문에 나는 특정 누구가 아닌 모든 사람을 대상으로 가치관의 전반적인 전환이 필요하다고, 또한 가장 큰 압력은 대중으로부터 나와야 한다고 주장하는 것이다.

더 이상 솜씨 좋은 장인이 없어서 문제인 거 아닌가?

낭만에 빠지거나 순진하게 굴지 않는 게 중요하다. 값비싼 수공예품의 시대는 지나갔다. 그러나 많은 어려움에도 불구하고 사회는 여전히 그 어느 때보다 풍요롭다. 또한 기술의 혜택으로 값비싼 공예가 없이도 갖가지 새로운 방법을 사용하여 재료를 성형할 수 있다. 3D 프린터와 컴퓨터 기술이 대량 맞춤 제작을 가능하게 하는 지금 같은 시대에 밋밋하고 생명에 반하는 반복적인 네모 상자만이 유일한 경제적 선택지는 아니다.

대부분의 건물이 어쨌든 건축가에 의해 설계되지 않는다는 점을 간과한 것 같은데?

결국 '더 많은 건물이 건축가의 손에서 탄생했다면 따분함이라는 재앙은 없었을 것이다'라는 건데, 지금쯤 책이 이 질문을 반증하는 데 성공했기를 바란다.

그러나 복잡함을 싫어하는 모더니즘 건축가들의 입맛이 건설업 전반에 퍼져 모두에게 비인간적인 건물을 계속 만들 수 있도록 간편한 구실이 되어준 것도 사실이다.

전부 계획가 잘못 아닌가?

지금의 문제에 한몫을 한 건 사실이다. 하지만 개인적인 경험상 요즘 계획가들은 더 흥미로운 건물에 승인하려고 필사적인 경우가 많다. 그들이 더 적극적으로 나서서 스스로의 인간화 잠재력을 자랑스러워할 필요가 있다. 그에 따라 건설 업계 역시 대중의 대표로서 계획가를 더 존중해야 한다고 생각한다.

이 전례 없는 위기의 시기에

흥미로운 건물을 감당할 수 있을런지?

맞다, 우리 세대는 엄청난 위기를 맞았다.

하지만 비인간적인 건물이라는 재앙을 이어 나가는 것과는 다른 이야기다. 위기를 핑계 삼을 수는 없다. 비인간적인 상자로 세상을 어지럽히는 일만큼 비싼 게 없다. 우리는 매년 수조 달러를 건설과 파괴에 쓴다. 이 끝없는 파괴야말로 우리의 건강·사회·지구를 위해 절대 감당해선 안 되는 선택이다.

건축가는 신경을 안 쓴다는 말인가?

건축가는 분명 깊이 신경을 쓴다. 그러니까 수년간 훈련하는 것이고, 비교적 적은 급여에도 장시간 일하며 막중한 책임을 맡는 것이다. 문제는 건축이라는 직업 자체에 있다. 감도를 잃은 탓에, 평범한 행인의 일상적인 경험에 제대로 신경 쓰고 있지 않다는 사실을 스스로 깨닫지 못한다.

건물의 외관이 어쩌고저쩌고하는 건
우익의 특징 아닌가?
인간화 운동은 보수적이고 반-진보적인가?

전혀 아니다. 모더니즘 혁명 이전에는 기차역·우체국·도서관·학교·수영장 같은 공공 건물을 인색하고 기초적으로 짓기보다 관대하고 기념비적으로 지어야 한다는 데 양쪽 정치권 모두가 동의했다. 당국이 국민을 위한 건물을 지을 때는 국민에게 존중과 존엄을 표하고 국민을 소중히 하고 있음을 알려주는 방식을 따랐다.

나는 야심·관대함·여유가 우익으로, 굴종·따분함·궁핍이 좌익으로 여겨지는 세계를 믿지 않는다. 부유층만이 날마다 영양가 있고 즐거운 건축 환경을 경험하는 세계도 믿지 않는다. 인간화 운동은 참으로 진보적이다. 인간화 운동은 배경을 불문하고 모두가 개인·공동체·지구에 보답하는 건물에서 살고, 일하고, 배우고, 쇼핑하고, 위로 받기를 원한다.

행인에게

친애하는 행인에게

여러분을 위해 쓴 책이라는 걸 잊지는 않으셨겠죠?

아니기를 바랍니다. 따분함이라는 재앙을 끝내려면 업계 전문가들이 무엇을 해야 하는지 너무 열심히 말한 탓에 지금쯤 약간 무시당하는 기분이 들 수 있을 것 같아요. 어쩌면 조금은 무력하게 느끼실 수도 있고요.

'그럼 나는?' 생각하실 수도 있어요. '내가 뭘 할 수 있지? 나는 그저 길을 걷는 한 사람일 뿐인데.'

할 수 있는 일이 없다고 느끼실지도 모르겠지만, 사실 여러분은 이 운동에서 가장 강력한 역할을 하고 있습니다. 여러분이 핵심입니다. 혁명은 의회 사무실이나 기업 이사회실, 건축 설계 스튜디오에서 나오지 않습니다. 혁명은 거리에서 나옵니다. 충분한 분노와 열정, 흥분으로 변화를 요구하는 평범한 사람들이 충분히 모이면 혁명이 시작됩니다. 혁명은 모두가 소리치기 시작할 때 일어납니다.

진정한 힘이 바로 여기에 있습니다. 여러분 곁에요.

보고, 느끼고, 생각하고, 말하기. 이 네 가지 간단한 행동만 있으면 됩니다.

길을 나설 때면 새로운 눈으로 주변 건물을 바라보세요. 세 가지 간격에서 건물을 판단하세요. 건물이 어떤 느낌을 주는지 스스로에게 물어보세요. 자신감을 가지고 스스로의 감정적인 반응을 진정 중요하게 여기세요. 다른 사람의 감정만큼이나 자신의 감정도 유효합니다.

지금 보고 있는 건물은 지나가다가 시선을 둘 만큼 흥미로운가요? 흥미롭다면 그 이유는 무엇인가요? 설계자는 어떤 지점에서 성공했을까요? 실패했다면 그 이유는 무엇인가요?

새롭게 발견한 생각과 감정에 불을 붙여보세요. 찬란함이 보이면, 찬란함 느끼세요. 따분함이 보이면, 분노를 느끼세요.

분노해야 할 것들이 많으니까요. 따분함에 둘러싸인 자신을 발견하는 순간이 오면, 잠시 시간을 내어 그 장소에서 따분함이라는 컬트를 지워내는 상상을 해보세요. 건물 하나하나가 그 곁을 지나가는 시간 동안 시선을 사로잡을 만큼 흥미롭다면 거리가 어떻게 보일지 상상해 보세요. 마을은 어떤 모습일까요? 도시는 어떤 모습일까요? 간단한 원칙이 지켜졌다면, 지난 한 세기 동안 억만 개의 따분한 건물에 집단적으로 고통받지 않았다면 세상에 얼마나 더 많은 기쁨과 매력이 자리할 수 있었을까요?

여러분은 그 모든 기쁨과 매력을 빼앗긴 겁니다. 그리고 여전히 빼앗기고 있죠. 자신의 일이 평범한 행인들에게 어떤 느낌을 주는지 조금도 신경 쓰지 않는 업계 전문가들에 의해.

분노하세요. 사랑받지 못할 건물을 세우고, 철거하고, 또 하나의 사랑받지 못할 건물로 대체하는 끝없는 순환에. 그리고 그것이 불러온 계속되는 환경 재앙에 분노하세요.

하지만 분노가 여러분을 집어삼키게 두지는 마세요. 옛것이든 새것이든, 관대하고 흥미로운 건물이 지닌 그 모든 찬란함을 열정적으로 감상하는 데 쓰세요. 건물을 음미해보세요. 찬미해보세요. 건물이 여러분을 고양시키고 여러분을 인도하도록, 해로운 따분함이 아니라 매력과 기쁨으로 가득 찬 거리가 있는 미래로 데려가도록 하세요.

주변 건물을 보고, 느끼고, 생각했다면 이제 중요한 마지막 단계가 남았습니다. 관찰한 내용과 그에 따른 생각을 여러분이 아끼는 모두와 필히 공유해야 합니다. 분노를 공유하세요. 경외감을 공유하세요. 희망을 공유하세요. 그리고 이 책을 공유하세요. 이 책을 건네받은 사람이 또 다른 누군가에게 건네주게 하세요. 이 책의 메시지가 느리지만 확실하게, 사람에서 사람으로 퍼져나가게 하세요. 혁명이 자라나 불붙을 수 있게 하세요.

www.humanise.org에서 저와 비슷한 문제의식을 가진 사람들이 작성한 자료와 추천 읽을거리를 찾아보세요. 흥미로움을 위한 전쟁에서 함께 싸우고 있는 동료 활동가 및 기관, 창작가들과 소통해 보세요.

여러분 앞에서 약속하겠습니다. 제 남은 인생을 이 전쟁에 바치기로요. 하지만 여러분이 필요합니다. 친애하는 행인 여러분, 함께해주세요. 겸손하기 그지없는 우리의 목표는 따분하지 않은 건물, 딱 그거 하나입니다! 하지만 이 겸손한 목표가 승리하는 그날 우리는 지구의 얼굴을, 미래를 바꿀 것입니다.

여러분도 인간화 운동에 동참할 수 있습니다. 거리로 나가서 보고, 느끼고, 생각하고, 이야기하기만 하면 됩니다.

우리 모두 눈을 뜨고 소리칠 차례입니다.

따분함에 관한 책을 덮을 차례입니다.

인간화할 차례입니다.

감사의 말

우선 윌 스토어에게 가장 먼저 감사를 표하지 않으면 안 된다. 훌륭한 작가이자 연구자, 친구인 그는 중대한 프로젝트를 맡은 와중에도 열일 제쳐두고 시간을 내주었다. 우리는 3년간 함께 여행하고 생각하고 토론했다. 파편화되어 있던 나의 생각과 본능, 발상을 하나의 강력한 서사로 구체화하는 데 누구보다도 값진 도움을 주었다.

또한 맨 처음 출판을 제안해 준 펭귄랜덤하우스의 게일 리벅, 그리고 꾸준히 나를 독촉하여 생각을 글로 쓸 수 있게 해준 말라 가온카에게 감사를 전한다. 덕분에 이 선언서를 만들 수 있었다. 나의 저작권 대리인인 엘리자베스 셰잉크맨은 이 책이 세상에 나오기까지 모든 단계에서 나를 이끌어 주었다. 그녀의 탁월한 지원에 매우 감사한 마음이다. 끈기 있고 온화한 편집 조언으로 엄청난 도움을 준 바이킹 북스의 대니얼 크루, 그레그 클라우스에게도 감사를 전한다.

제인 제이콥스와 얀 겔, 크리스토퍼 알렉산더의 글은 다른 사람들에게 그랬듯 내게도 지대한 영향을 주었다. 또한 비범한 용기와 능력을 갖춘 건축가 리처드 로저스에게도 영감을 받았다. 그는 우리 건축 환경의 질을 주제로 국가적 차원의 대화를 이끈 바 있다.

데임 샐리 데이비스, 크리스 앤더슨, 치 펄만, 에드 자비스, 휴고 스파이어스, 라라 그레고리안스, 대니얼 글레이저 등 다양한 인재와의 흥미로운 토론으로 많은 것을 배웠다. 그리고 사이먼 시넥, 노리나 허츠, 폴 핀치, 폴 모렐 외 많은 분들이 아낌없이 제공해준 지혜와 조언에도 감사를 전하고 싶다.

나는 의뢰인들로부터 행인과 최종 사용자의 관점에서 프로젝트를 보는 방법을 배울 수 있었다. 그중에서도 이 책의 아이디어를 오랜 시간 함께 논의해 준 구글의 데이비드 래드클리프, 메리 데이비지, 미셸 카우프만, 키스 커에게 감사드린다.

우리 스튜디오의 출판 담당자인 레이철 자일스는 대단한 끈기와 결단력, 긍정적인 자세로 책을 완성으로 이끌어 주었다. 책의 디자인을 맡은 벤 프레스콧은 놀랍도록 협력적인 자세로 내가 표현하려던 바를 직관적으로 이해해 주었다. 창조적인 동료, 세실리아 맥케이는 법의학자를 연상시키는 집요함으로 책에 실을 특별한 이미지를 찾아 주었다. 게일 몰트는 책의 초기 단계에서 큰 도움이 되었다.

특히 십대의 눈으로 건물을 바라볼 수 있게 해 준 나의 아이들 모스와 베라에게 감사를 전한다. 지혜와 사랑으로 나를 지원해 준 파트너 콩에게도 특별히 감사하다. 내가 세계에 매료될 수 있도록 길러 주고 열정을 추구하도록 격려해 준 나의 부모님 휴 헤더윅과 스테파니 토멀린께도 감사를 표한다.

마지막으로, 지난 30년간 특별한 모험을 함께해 온 헤더윅 스튜디오의 모든 팀원들에게 감사를 전하고 싶다. 우리는 온갖 고난과 역경에도 힘을 합쳐 도시를 인간화하는 방법을 탐구하고 또 배웠다. 그동안 나를 믿어준 여러분 덕분에 이 책을 쓸 자신감과 경험을 얻었다.

이들이 앞으로 무엇을 만들어 낼지 정말 기대가 된다!

출처

1부. 인간적인 장소와 비인간적인 장소

인간적인 장소

p. 14, 직선은 인간의 선
Megan Cytron, 'Buildings that break the box', *Salon*, 21 February 2011.
p. 16, 까사 밀라가 완공되자
www.lapedrera.com/en/la-pedrera.
p. 19, 준공 검사가 안 좋게 끝났다는 얘기를 들은 가우디는
www.lapedrera.com/en/la-pedrera/history.
p. 19, 결국 기둥이 깎이는 사태는 면했지만
www.makespain.com/listing/casa-mila-barcelona/.
p. 30, 가우디가 1883년에 첫 발을 뗀 이 프로젝트는
Alex Greenberger, 'In Barcelona, years-long Sagrada Família completion pushed back by pandemic', *ArtNews*, 17 September 2020.
p. 32, 약 450만 명
'Barcelona's Sagrada Família gets permit after 137 years', *BBC News*, 8 June 2019.
p. 38, 1975년~지어진 월든 7
https://www.world-architects.com/en/ricardo-bofill-taller-de-arquitectura-barcelona/project/walden-7.
p. 39, 월든 7은 14개 층으로 이루어져 있으며
https://www.archdaily.com/332142/ad-classics-walden-7-ricardo-bofill.
p. 44, 1930년에 완공된
https://www.archiseek.com/2009/1930-marine-building-vancouver-british-columbia/.
p. 44, 물고기, 해마
Michael Windover, *Art Deco: A Mode of Mobility*, Presses de l'Université du Quebec, 2012, pp. 63–74.
p. 46, 실제적 기능이 무엇이냐는 질문에
Ibid., p. 7.
p. 48, 풍경 속을 걷는 이들은
Ann Sussman and Justin B. Hollander, *Cognitive Architecture*, Routledge, 2014, p. 17.

따분함의 해부

p. 100, 10억 마리의 새
Charlotte McDonald, 'How many birds are killed by windows?' *BBC News*, 4 May 2013.
p. 112, 신경 과학자 콜린 엘라드는
Colin Ellard, *Places of the Heart*, Bellevue Literary Press, 2015, pp. 107–9.
p. 115, 매초마다 우리의 감각은
www.britannica.com/science/information-theory/Physiology.
p. 116, 엘라드가 제창한 이론에 따르면
Ellard, p. 112.
p. 117, 영국의 한 주요 과학 조사에 따르면
J. Sommers and S. J. Vodanovich, 'Boredom proneness: Its relationship to psychological and physical health symptoms', *Journal of Clinical Psychology*, vol. 56, 2000, pp. 149–55.
p. 117, 〈사이언티픽 아메리칸〉은
Anna Gosline, 'Bored to death: Chronically bored people exhibit higher risk-taking behavior', *Scientific American*, 26 February 2007.
p. 117, 킹스 칼리지 런던의 연구원들은
A. Kılıç, W. A. P. van Tilburg and E. R. Igou, 'Risk-taking increases under boredom', *Journal of Behavioral Decision Making*, vol. 33, 2020, pp. 257–69.
p. 117, 과학자들은 따분함이
W. A. P. van Tilburg and E. R. Igou, 'Going to political extremes in response to boredom', *European Journal of Social Psychology*, vol. 46, 2016, pp. 687–99.
p. 121, 2008년 미국의 과학자들은
S. C. Brown et al., 'Built environment and physical functioning in Hispanic elders: The role of "eyes on the street"', *Environmental Health Perspectives*, vol. 116, no. 10, 2008, pp. 1300–1307.
p. 122, 프란시스 쿠오 박사는
Frances E. Kuo, 'Coping with poverty: Impacts of environment and attention in the inner city', *Environment and Behavior*, vol. 33, no. 1, January 2001, pp. 5–34.
p. 123, 자연 속에서 20초만 머물러도
Sarah Williams Goldhagen, *Welcome to Your World: How the Built Environment Shapes Our Lives*, HarperCollins, 2017, p. 55.
p. 123, 놀랍게도, 병실 창에서 보이는 나무는
Ethan Kross, *Chatter: The Voice in Our Head (and How to Harness It)*, Ebury Press, 2021, p. 99.
p. 124, 워릭대학교의 연구자들이 수행한 최근 연구는
Chanuki Illushka Seresinhe, Tobias Preis and Helen Susannah Moat 'Using deep learning to quantify the beauty of outdoor places', *Royal Society Open Science*, vol. 4, no. 7, 2017.
p. 124, 연구가 중 한 명인 차누키 세레신헤 박사는
Chanuki Illushka Seresinhe, 'Natural versus human-built beauty: Which impacts our wellbeing more?' *What Works Wellbeing* [website], 18 October 2019.

p. 125, 사람들의 견해를 조사한 결과
Maddalena Iovene, Nicholas Boys Smith and Chanuki Illushka Seresinhe, *Of Streets and Squares*, Create Streets, Cadogan, 2019.
p. 129, 우연한 만남
Marwa al-Sabouni, *The Battle for Home: The Vision of a Young Architect in Syria*, Thames and Hudson, 2016, Kindle locations 774, 788, 806.
p. 129, 그러다 새로운 양식의 건물과
Marwa al-Sabouni, 'How Syria's architecture laid the foundation for brutal war', TED Talk, August 2016.
p. 129, 이렇게 새로 조성된 동네는
al-Sabouni, *The Battle for Home*, 802, 885.
p. 130, 구도시 홈스와는 달리
Ibid., 811, 885.
p. 130, 하지만 알 사부니는
al-Sabouni, TED Talk.
p. 131, 2천 명이 넘는 미국인에게
Kriston Capps, 'Classical or modern architecture? For Americans, it's no contest', *Bloomberg*, 14 October 2020.
p. 131, 일련의 설문조사를 분석한 결과
Ben Southwood, 'Architectural preferences in the UK', *Works in Progress* [newsletter], 29 March 2021.
p. 131, 2021년, 폴리시 익스체인지라는 이름의 싱크탱크는
Harry Yorke, 'Public prefers traditional styles to Brutalism in boost for planning reforms', *The Telegraph*, 28 March 2021.
p. 132, 2015년 설문조사에 따르면
https://corporate.uktv.co.uk/news/article/nations-favourite-buildings-revealed/.
p. 133, 세계 10대 건물 중에는
James Andrews, 'Every country's favourite architect', *Money* [website], 10 February 2022.
p. 136, 연간 전 세계 탄소 배출량의 11%
World Green Building Council, 'Bringing embodied carbon upfront', https://worldgbc.org/article/bringing-embodied-carbon-upfront/.
p. 136, 4kg의 탄소가 필요하다
'The carbon footprint of a cheeseburger', *SixDegrees* [website], 4 April 2017, https://www.six-degreesnews. org/archives/10261/the-carbon-footprint-of-a-cheeseburger.
p. 136, 70kg의 탄소가 필요하다
'Product Environmental Report, iPhone 12', https://www.apple.com/kr/environment/pdf/products/iphone/iPhone_12_PER_Oct2020.pdf
p. 136, 4.6톤의 탄소가 필요하다
EPA, 'Greenhouse gas emissions from a typical passenger vehicle', www.epa.gov/greenvehicles/greenhouse-gas-emissions-typical-passenger-vehicle.
p. 136, 16톤의 탄소가 필요하다
https://www.nature.org/en-us/get-involved/how-to-help/carbon-footprint-calculator/.
p. 136, 250톤의 탄소가 필요하다
Katharine Gammon, 'How the billionaire space race could be one giant leap for pollution', *The Guardian*, 19 July 2021.
p. 136, 92,210톤의 탄소가 필요하다
Reed Landberg and Jeremy Hodges, 'What's wrong with modern buildings? Everything, starting with how they're made', *Bloomberg*, 20 June 2019.
p. 137, 보수 주기가 짧고
Kyle Normandin and Susan Macdonald, *A Colloquium to Advance the Practice of Conserving Modern Heritage, March 6–7, 2013, Meeting Report*, pp. 36, 42–3.
p. 138, 아키텍츠 저널의 편집자는
Will Hurst, 'Demolishing 50,000 buildings a year is a national disgrace', *The Times*, 28 June 2021.
p. 138, 12개월마다
'Bringing embodied carbon upfront', https://worldgbc.org/article/bringing-embodied-carbon-upfront/
p. 138, 영국에서는 매년 5만 채의 건물이
Hurst, 'Demolishing 50,000 buildings'.
p. 138, 상업용 건물의 평균 수명은
'Buy Less Stuff', *39 Ways to Save the Planet* [podcast], *BBC Sounds*, 30 August 2021.
p. 139, 중국에서는~32억톤의 폐기물이
EnvGuide, China Construction and Demolition Waste Disposal Industry Market Report, June 2021.
p. 143, 단순한 무지
Stephen Gardiner, *Le Corbusier*, Fontana, 1974, p.15.
p. 143, 반동적이고 보수적이며
Joe Mathieson and Tim Verlaan, 'The far right's obsession with modern architecture', failedarchitecture.com, 11 September 2019.

2부. 따분함이라는 컬트는 어떻게 세계를 지배하게 되었나

건축가란 무엇인가?

p. 161, 저서 〈건축론〉
britannica.com/topic/architecture/Commodity-firmness-and-delight-the-ultimate-synthesis.
p. 166, 건축가란 무엇이고 무엇이 아닌가에 관한 이야기
The argument that follows is a summary of that which appears in T. J. Heatherwick, 'The Inspiration of Construction: A Case for Practical Making Experience in Architecture', unpublished dissertation, 1991.
p. 169, 19세기 초
Jackie Craven, 'How did architecture become a licensed profession?', *ThoughtCo.*, 30 January 2020.
p. 182, 건축은 예술 그 이상도 이하도 아니다
Lance Hosey, 'Why architecture isn't art (and shouldn't be)', *ArchDaily*, 8 March 2016.
p. 182, 건축의 예술적인 측면을 이야기하고 싶다
https://www.paulrudolph.institute/quotes.
p. 182, 건축은 시각 예술이며
The Right Angle Journal [online journal], Question no. 4 (Part I).
p. 182, 건축은 가장 위대한 예술이다
Richard Meier, 'Is Architecture art'? [video], *Big Think*, bigthink.com/videos/is-architecture-art/.
p. 184, 모더니즘은~예술적 반응이었다
Pericles Lewis, *The Cambridge Introduction to Modernism*, Cambridge University Press, 2007, p. 12.
p. 185, 그들이 만든 예술은
Ibid., p. 6.
p. 186, 회화~오래된 원칙은
Samuel Jay Keyser, *The Mental Life of Modernism: Why Poetry, Painting, and Music Changed at the Turn of the Twentieth Century*, MIT Press, 2020, p. 1.
p. 186, 선구적 시인인 샤를 보들레르는
Lewis, p. 16.
p. 188, 모더니스트 시인이자~표현을 빌리자면
Wendy Steiner, *Venus in Exile: The Rejection of Beauty in Twentieth-Century Art*, The Free Press, 2001, p. 61.
p. 188, 추상화가 바넷 뉴먼은
Barnett Newman, 'The sublime is now', theoria.art-zoo.com/the-sublime-is-now-barnett-newman/.
p. 192, 장식은 진부하고
Steiner, p. 79.
p. 192, 선언문 하나하나가
Wendy Steiner, 'Beauty is shoe', *Lapham's Quarterly*, https://www.laphamsquarterly.org/arts-letters/beauty-shoe.

따분함의 신을 만나다

p. 194, 르 코르뷔지에는 놀랍게도
Adam Sharr, *Modern Architecture*, Oxford University Press, 2018, p. 58.
p. 194, 자신을 예술가로 여겼다
Le Corbusier, *Towards a New Architecture*, Dover, 1986, p. 110.
p. 196, 르 코르뷔지에는~비유했다
Ibid., p. 277.
p. 196, 중세 도심의 구불구불한
Le Corbusier, *The City of Tomorrow and Its Planning*, Dover, 1987, Kindle location 1128.
p. 198, 르 코르뷔지에도~믿었다
Corbusier, *Towards a New Architecture*, p. 87.
p. 198, 그는~즐겨 이야기했다
Corbusier, *The City of Tomorrow*, 3149.
p. 200, 약 천 달러에 육박한다
$975 was the publisher's list price on Amazon.com as of June 2021.
p. 200, 다른 건축가들의 조롱을 사기도 했다
Malcolm Millais, *Le Corbusier: The Dishonest Architect*, Cambridge Scholars Publishing, 2017, pp. 30, 52.
p. 203, [장식]은~야만인에게 어울린다
Corbusier, *Towards a New Architecture*, p. 83.
p. 204, 장식은 보편이다
Gaia Vince, *Transcendence: How Humans Evolved through Fire, Language, Beauty and Time*, Allen Lane, 2019, pp. 129, 132, 134.
p. 204, 다른 장식 조개 껍질은
Helen Thompson, 'Zigzags on a shell from Java are the oldest human engravings', *Smithsonian Magazine*, 3 December 2014.
p. 205, 최초의 기념비적 건물은
Vince, pp. 171, 172.
p. 205, 보다 앞선 예로는
https://whc.unesco.org/en/list/1572/.
p. 206, 네안데르탈인의 집도
Vince, p. 174.
p. 206, 연구자들은~사실을 발견했다
Goldhagen, pp. 232, 298.
p. 206, 헐벗은 콘크리트 벽은
Ibid., pp. 55, 57.
p. 209, 그는~캠페인을 벌였다
Corbusier, *The City of Tomorrow*, 3318, 3274.

p. 210, 르 코르뷔지에는~주장하기도 했다
Corbusier, *Towards a New Architecture*, pp. 31, 153.
p. 212, 2021년~〈러프 가이즈〉의 제작팀은
Lottie Gross, 'The most beautiful city in the world – as voted by you', *Rough Guides* [website], 5 August 2021.
p. 215, 만약 집이~건설된다면
Corbusier, *Towards a New Architecture*, p. 133.
p. 216, 2012년~입증된 사실이다
Pall J. Lindal, Terry Hartig, 'Architectural variation, building height, and the restorative quality of urban residential streetscapes', *Journal of Environmental Psychology*, vol. 33, 2013, pp. 26–36.
p. 217, 한 세기가 지난 지금
Iovene et al., pp. 6, 76, 174.
p. 219, 우리는~거의 보지 않는다
Corbusier, *The City of Tomorrow*, 2771.
p. 220, 2013년~과학자 팀은
O. Vartanian et al., 'Preference for curvilinear contour in interior architectural spaces: Evidence from experts and nonexperts', *Psychology of Aesthetics, Creativity, and the Arts*, 2017.
p. 221, 또 다른 연구에서 참가자들은
O. Blazhenkova and M. M. Kumar, 'Angular versus curved shapes: correspondences and emotional processing', *Perception*, vol. 47, no. 1, 2018, pp. 67–89.
p. 221, 어떤 연구는
G. Corradi and E. Munar, 'The Curvature Effect', in M. Nadal and O. Vartanian (eds), *The Oxford Handbook of Empirical Aesthetics*, Oxford University Press, 2020, pp. 35–52.
p. 221, 아주 어린 아이는
Rachel Corbett, 'A new study suggests why museum architecture is so curvy – and it's not because visitors like it that way', *ArtNet*, 25 February 2019.
p. 222, 신경과학자는 인간의 두뇌가~밝혀냈다
Goldhagen, p. 67.
p. 227, 우리의 거리는 더 이상
Le Corbusier, *The Radiant City*, Orion Press, 1967, p. 121.
p. 227, 카페와 재충전을 위한 장소는
Corbusier, *Towards a New Architecture*, p. 61.
p. 228, 시애틀의 연구원은
Tasmin Rutter, 'People are nicer to each other when they move more slowly': how to create happier cities', *Guardian*, 8 September 2016.
p. 228, 우리를 소외하고 혼란스럽게 만든다
Goldhagen, p. 110.
p. 230, 인간은 '티그모택틱'~이다
Sussman and Hollander, p. 19.
p. 231, 르 코르뷔지에는 파리 우안을
Corbusier, *The City of Tomorrow*, 3274.
p. 231, 설문조사에 따르면
Iovene et al., p. 6.
p. 233, 그런 수직 도시가~떠올려 보라
Corbusier, *The City of Tomorrow*, 3289.
p. 235, 도시 설계 전문가인~밝혀낸다
Alice Coleman, *Utopia on Trial*, Hilary Shipman, 1985.
p. 235, 로버트 기포드의 연구 문헌을 통해
Nicolas Boys Smith, 'Can high-rise homes make you ill?', *EG News*, 10 May 2015.
p. 236, 1971년~영화가 나왔다
'Where the Houses Used to Be' [documentary], 1971 https://player.bfi.org.uk/free/film/watch-where-the-houses-used-to-be-1971-online
p. 238, 평면이~결과다
Corbusier, *Towards a New Architecture*, p. 177.
p. 240, 1929년, 르 코르뷔지에는
Helena Ariza, 'La Cité Frugès: A modern neighborhood for the working class', architecturalvisits.com, 27 January 2015.
p. 240, 부동산 중개인
Millais, p. 61.
p. 241, 2015년~발견했다
Ariza, 'La Cité Frugès'.
p. 242, 피터 블레이크
Peter Blake, *Le Corbusier*, Penguin, 1960, p. 11.
p. 243, 찰스 젠크스
Charles Jencks, *Le Corbusier and the Tragic View of Architecture*, Allen Lane, 1973, p. 11.
p. 243, 스티브 가디너
Stephen Gardiner, *Le Corbusier*, Fontana, 1974, p. 14.
p. 247, 르 코르뷔지에가 열과 성으로 추진했던 발상은
Sharr, pp. 79–85.
p. 249, 케네스 프램튼
Millais, pp. 190, 127.
p. 250, 도심의 빈민가는
Gus Labin, 'Why architect Le Corbusier wanted to demolish downtown Paris', *Business Insider*, 20 August 2013.
p. 253, 미스는~대중화하는 데 일조했다
'What did Mies van der Rohe mean by less is more?', phaidon.com/agenda/architecture/articles/2014/april/02/what-did-mies-van-der-rohe-mean-by-less-is-more/.

(우연히) 컬트를 시작하는 법

p. 264, 요소를 사용하라
Corbusier, *Towards a New Architecture*, pp. 16–17.
p. 266, 7년의 수련 과정 중 으레
Patrick Flynn Miriam Dunn, Maureen O'Connor and Mark Price, *Rethinking the Crit: A New Pedagogy in Architectural Education*, ACSA/EAAR Teachers Conference Proceeding, 2019, p. 25.
p. 266, 통과 의례
Rachel Sara and Rosie Parnell, 'Fear and learning in the architectural crit', *Field*, vol. 5, no. 1, pp. 101–125.
p. 268, 익히 알려져 있다
Joseph Henrich, *The Secret of Our Success*, Princeton University Press, 2016, pp. 35–53.
p. 268, 2017년 〈가디언〉
Susan Sheahan, 'Advice for student architects: How to survive the crit', *The Guardian*, 1 Jun 2017.
p. 268, 사라와 파넬 교수는~설문 조사를 진행했다
Sara and Parnell.
p. 271, 2019년, 일군의 건축 교육자는
Flynn et al., pp. 25–28.
p. 273, 여기서 우리는 누군가가
Jacques Derrida, 'The Art of Memoires', trans. Jonathan Culler, in *Jacques Derrida, Memoires for Paul De Man*, Columbia University Press, 1986, pp. 45–88, 72.
p. 275, 문제가 발생한 경위
David Halpern, *Mental Health and the Built Environment*, Taylor & Francis, 1995, pp. 161–3.
p. 280, 갈등은 어떻게 되는가?
tparents.org/Moon-Talks/SunMyungMoon09/SunMyungMoon-090707.htm.
p. 281, 헤븐스 게이트라는 컬트
Will Storr, *The Status Game: On Human Life and How to Play It* , William Collins, 2021, pp. 193–9.
p. 281, 라엘리즘이라는 컬트의 추종자들
Han Cheung, 'Baptism by DNA transmission', *Taipei Times*, 23 August 2017.
p. 283, 건축학개-소리
Archibollocks [blog], archibollocks.blogspot.com.
p. 285, 불과 6퍼센트
Finn Williams, 'We need architects to work on ordinary briefs, for ordinary people', *Dezeen*, 4 December 2017.
p. 291, 1923년, 르 코르뷔지에는
Corbusier, *Towards a New Architecture*, p. 87.

왜 어딜 봐도 이윤 같을까?

p. 294, 산업혁명
Sharr, pp. 4–32.
p. 296, 철도의 도래는
Ibid., p. 24.
p. 300, 백만 채 이상의 주택과 아파트
https://www.britannica.com/event/the-Blitz. p. 300, 일본에서는 19퍼센트
Tatiana Knoroz, 'The Rise and Fall of Danchi', *ArchDaily*, 19 February 2020.
p. 303, 건축가 크리스토프 매클러가 말하길
Von Romain Leick et al., 'A new look at Germany's postwar reconstruction', *Der Spiegel*, 10 August 2010.
p. 306, 스코틀랜드의 유명 코미디언 빌리 코놀리
'Billy Connolly: Made in Scotland', bbc.co.uk/programmes/b0bwzhy6.
p. 310, 1967년, 미국 대학생 중 45퍼센트
Jean Twenge, Generation Me, *Atria*, 2006, p. 99.
p. 310, 2015년발 심리학 여론 조사
Shelly Schwarz, 'Most Americans, rich or not, stressed about money: Surveys', *CNBC*, 3 August 2015.
p. 310, 국제 여론 조사
IPSOS, *Global Attitudes on Materialism, Finances and Family; The Global Trends Survey: A Public Opinion Report Key Challenges Facing the World*, 13 December 2013.
p. 312, 도시 지리학자
Samuel Stein, *Capital City*, Verso, 2019, p. 2.
p. 312, 그는 따분한 건물의 문제가~말한다
Conversation between Thomas Heatherwick and Paul Morrell, 11 March 2022.
p. 324, 건물 설계자는
Oliver Wainwright, 'Are building regulations the enemy of architecture?', *The Guardian*, 28 February 2013.
p. 324, 건축가인 리암 로스
L. Ross and T. Onabolu, *Venice Take Away: The British Pavilion at the 13th Venice Architecture Biennale/RIBA Ideas to Change British Architecture Season: British Standard Lagos Exception*, AA Publications, 2012.
p. 336, 정치인들이 응답할 거라는
Conversation between Thomas Heatherwick and Paul Morrell, 11 March 2022.

3부. 세계를 다시 인간화하는 법

달리 생각하기

p. 363, 1960년대
https://www.nas.gov.sg/archivesonline/blastfromthepast/gardencity.
p. 379, 훌륭한 타이포그래피의 조건을 배웠다
Loukas Karnis, 'How Steve Jobs became the Gutenberg of our times', *typeroom* [website], 15 July 2016.
p. 379, 삼엄한 경비 아래
Yoni Heisler, 'Inside Apple's secret packaging room', *Network World*, 24 January 2012.
p. 379, 포장은 연극이 될 수 있다
Karen Blumenthal, *Steve Jobs: The Man Who Thought Different*, Bloomsbury, 2012, p. 208.

모두가 쉬쉬하는 문제

p. 426, 흡연 인구는 줄었고
Xiochen Dai et al., 'Evolution of the global smoking epidemic', *Tobacco Control*, vol. 31, 2022, pp. 129–37.
p. 426, 안전벨트를 매는 사람은 늘었으며
'Stronger "buckle up" laws change attitudes among young drivers', *UCL News*, 21 October 2022.
p. 426, 많은 사람이 비건식으로 돌아섰다
https://www.statista.com/topics/8771/veganism-and-vegetarian-ism-worldwide/.
p. 426, 공분한 대중
Calla Wahlquist, 'It took one massacre: How Australia embraced gun control after Port Arthur', *The Guardian*, 14 March 2016.
p. 426, 2005년부로
Jo Revill and Amelia Hill, 'Victory for Jamie in school meal war', *The Observer*, 6 March 2005.
p. 428, 제2차 세계대전 이전
Michael Benedikt, '18 ways to make architecture matter', *Common Edge*, 8 February 2022.
p. 429, 그러나 동시에
Anu Madgavkar, Jonathan Woetzel and Jan Mischke, 'Global wealth has exploded. Are we using it wisely?', *McKinsey Global Institute* [website], 26 November 2021.
p. 429, 건설이 퍼부은 돈
'Global construction trends', *Market Prospects* [website], 13 August 2021.
p. 432, 전 세계 건설 폐기물
'The global construction and demolition waste market is estimated to be USD 26.6 billion in 2021', *Yahoo! Finance*, 13 October 2021.
p. 432, 미국 내 건설 폐기물의 90퍼센트가량이
'28 incredible statistics about waste generation', *Stone Cycling* [website], 3 September 2021.

달리 움직이기

p. 438, 건축가는 현재~고통받고 있다
Norman Shaw and T. G. Jackson (eds), *Architecture: A Profession or an Art, Thirteen Short Essays on the Qualifications and Training of Architects*, John Murray, 1892, p. xxviii.
p. 438, 우리는 그것에 반대한다
Ibid., p. 69.
p. 439, 자수성가한 실력가의 이미지
Sharr, p. 24.
p. 451, 블록 바이 블록
https://www.blockbyblock.org/projects/beirut
p. 467, 조슈아 버밀리온
Alyn Griffiths, 'Joshua Vermillion: How AI Art Tools Could Revolutionize Architectural Design', *WEPRESENT* [website] 9 May 2023.
p. 471, 2050년에는
Goldhagen, p. xviii.

사진 저작권

아래에 명시되지 않은 모든 이미지의 저작권은 헤더윅 스튜디오에 있습니다. 모든 저작권의 소유자에게 연락하기 위해 많은 노력을 기울였습니다. 향후 개정판에서 오류나 누락이 발견되면 기꺼이 수정하겠습니다.

번호는 페이지 번호를 나타냅니다. 추가 사진 크레딧은 괄호 안에 표시되어 있습니다.

줄임말:
t = 위쪽　　l = 왼쪽
c = 중앙　　r = 오른쪽
b = 하단

123rf.com: 209 (*wrecking ball*)
4CornersImages: 18, 150–151 (Luigi Vaccarella), 155 b (Sebastian Wasek); 158 bl, 404-5 (Maurizio Rellini); 223 (Ben Pipe); 388 l (Aldo Pavan); 391 bl (Massimo Borchi)
ACME: 357 t & b (Jack Hobhouse)
Adobestock: 406
akg-images: 191 bl (Interfoto/Sammlung Rauch), 195 (Keystone), 244–6 (Schütze/Rodemann), 255 tl (Mondadori Portfolio/Archivio Fabrizio Carraro), 302, 305
Alamy: 16 l & r, 27 c, 47 bc, 47 bl, 47 tr, 60–61, 64–5, 77 t, 80 b, 81 t, 104, 108 c, 126 t, 127 t, 140, 156 b, 162, 165 l, 166 t & b, 188–9, 203 tl, 207, 213 b, 219 t, 219 b, 229, 234, 313, 314–5, 352, 355 t, 390 tr, 397 r, 399 t, 403, 407, 436–7, 454, 468, 408–9
Alessi: 378
Alexander Turnbull Library, Wellington: 155t (Albert Percy Godber)
AntiStatics Architecture: 390 bl (Xia Zhi)
Archmospheres: 108b (Marc Goodwin)
Ashley Sutton Design: 334 b
AVR London: 26 l (Matthew White)
© **Iwan Baan:** 385, 418–19
© **Murray Ballard:** 353 br
Peter Barber: 366–7
© **Bed Images:** 360–61
Ben Harrison Photography: 353 tr;
Ben Prescott Design: 26–7 (*crack*), 54–5, 96–7, 286, 311, 318, 319, 391 br, 399 b, 415, 446, 474–85
Bigstock: 101, 156 tr; 316
Block by Block (www.blockbyblock.org): 451 l
Karl Blossfeldt: 224–5
Bridgeman Images: 13, 126 b & 127 b (Christie's); 186 & 187 (Private Collection); 190 tl (Maidstone Museum & Art Gallery); 190 tr (Kunstmuseum, Basel); 398 (Look & Learn)
© **Camera Press London:** 102 (Michael Wolf/© Estate of Michael Wolf/LAIF)
© **Brett Cole:** 118–19
Columbia University Rare Book & Manuscript Library: 197 t
Design Council Archive, University of Brighton Design Archives: 171
Jinnifer Douglass (www.jinyc-photo.com): 113
Dreamstime: 29, 32, 98–9, 109 t
Flickr Creative Commons: 47 tl & tc (Sandra Cohen-Rose and Colin Rose); 47 br (Louise Jayne Munton); 387 (Charlie Romeo 123)
Fondation Le Corbusier: 239, 240
Foster + Partners: 108 t (Chris Goldstraw), 389 (Nigel Young)
Getty Images: 28 t, 28 tc, 28 tr, 34 b, 68–9, 110–11, 120, 124–5, 134–5, 138–9 b, 142, 152, 158 br, 158 t, 159 b, 163, 197 b, 198–9, 201, 203 bl & br, 215, 227, 230, 233, 236, 242, 243, 250–51, 253, 254 bl & br, 255 tr, bl & br, 258–9, 260–61, 272, 280, 298–9, 301, 307, 333, 396 l & r, 449
Heatherwick Archives: 173 t, 175 l, 179 bl, 179 br, 180, 181 b & r
Heatherwick Studio: 9, 10–11, 27 r, 56–83, 209 (*wrecking ball model*), 328–9, 348–9, 381, 391 tl, 425 t, 462 (Raquel Diniz), 165 r, 357 c & b, 388 r (Rachel Giles); 28 c & l, 42–3, 49–50, 72, 73, 78, 84, 132–3, 355 b & c, 359 b & c, 362, 368, 371, 387, 390 br (Thomas Heatherwick); 461, 463 (Pintian Liu), 442–3 (Jethro Rebollar); 90, 204–5, 266, 268–9, 276–7 (Olga Rienda); 460 (Joanna Sabak); 422–3
© **Clemens Gritl:** 210–211
Groupwork: 359 t (Tim Soar)
© **Historic England Archive:** 237 (John Laing Photographic Collection)
Historic Environment Scotland: 306 (© Crown Copyright)
Houghton Library, Harvard University: 168
Hufton + Crow: 26 r, 420, 421

iStock: 28 cl, cr, bl & br, 34 t & l, 35 l, 56–7, 58–9, 66–7, 70–71, 74–5, 76, 77 b, 79, 80 t, 81 b, 92–5, 106–7, 109 cl, 138 tl & tr, 139 tl & tr, 154 t, 156 tl, 157, 159 t, 164, 173 cl, c, cr, bl & br, 203 tc & tr, 261 (*skyscraper*), 287, 290, 324, 376–7, 382, 386, 389, 394–5, 457
J. Paul Getty Museum, Los Angeles: 191 br (Karl Grill)
Kent & Sussex Courier: 308 c
Library of Congress, Prints & Photographs Division: 196 (Jacob Riis); 308 b
Louis Vuitton/Yayoi Kusama, courtesy Victoria Miro: 334 t
Cecilia Mackay: 353 tl, cl & bl
© Magnum Photos: 247 (René Burri)
Metropolitan Museum of Art, New York: 190 tl
© Geoffrey Morrison: 37
Musée Carnavalet, Histoire de Paris: 296–7 (Paris Musées CC0)
Nature Picture Library: 342–3 (Ingo Arndt)
Norman B. Leventhal Map Center, Boston **Public Library:** 209 (*map*)
NOWA: 109 cr (Peppe Maisto)
Ong-Ard Architects: 401 (Chatturong Sartkhum)
Oxford Properties: 45
Oxypower: 390 tl
© Paul Grover Photography: 427
Pier Carlo Bontempi & Dominique Hertenberger: 400 (Luc Boegly)
© Project for Public Spaces: 231 (William H. Whyte)
Quinlan Terry: 402 (Nick Carter)
RDNE Stockproject: 175 r
Reuters: 128
Lucy Runge: 391 tr
© Scala, Florence, 2023: 149b, 149t (BAMSphoto)
© Christian Schallert: 17
Jen Shillingford: 326–7
Shutterstock: 35 r, 36, 62–3, 88–9, 109 b, 122–3, 144–5, 153, 154 b, 216–17, 220–221, 262–3, 278, 292–3, 317, 344, 390 c, 397 l
Sketch: 335 b
Andy Smith: 161, 192, 238, 320, 321, 322–3, 325, 453
Anne E. Stark: 170 b
Will Storr: 15, 25, 46, 364, 425 b
Superstock: 31
Hilton Teper: 383
TopFoto: 254 tl & tr (Chicago History Museum/Hedrich-Blessing Collection)
TorontoJourney416.com: 309 t (Denise Marie Muia)
Toronto Public Library: 308
Twelve Architects: 353 cr (Jack Hobhouse)
UN Habitat/Mojang: 451 r
Joshua Vermillion: 466–7
© Verner Panton Design AG (www.verner-panton.com/Instagram @vernerpantonofficial): 335 t
Rob West (sanguinecinematics.blogspot.com): 346–7
Wikimedia Commons: 108 c (Sangshad2); 203 bc (I, Sailko); 289 l (David Shankbone); 289 r (David Schalliol); 456 (Jmh2o)
WOHA (Patrick Bingham-Hall): 365
Myles Zhang: 309 b

저작권 정보

추가 저작권이 적용되는 작가 및 건축가의 예술 작품:

Alexsandr Archipenko, *Femme Marchant*, 1912 © ARS, NY and DACS, London 2023: 190 tr

The Beatles, 'Yellow Submarine' (extract). Words and Music by John Lennon and Paul McCartney. Copyright © 1966 Sony Music Publishing (US) LLC and MPL Communications, Inc. in the United States. Copyright Renewed. All Rights for the World excluding the United States administered by Sony Music Publishing (US) LLC, 424 Church Street, Suite 1200, Nashville, TN 37219. International Copyright Secured All Rights Reserved. Reprinted by Permission of Hal Leonard Europe Ltd: 22

All works by Le Corbusier © F.L.C./ADAGP, Paris and DACS, London 2023: 239, 240, 241, 244–5, 246, 247, 248–9

Marcel Duchamp, *L.H.O.O.Q.*, 1919 © Association Marcel Duchamp/ADAGP, Paris and DACS, London 2023: 187

Pablo Picasso, *Bust of a Seated Woman*, 1960 © Succession Picasso/DACS, London 2023: 186

Alexander Rodchenko, *Lily Brik*, 1924 (detail) © 2023 Estate of Alexander Rodchenko/ UPRAVIS, Moscow: 468

All works by Mies van der Rohe © DACS 2023: 254–5

Oskar Schlemmer, 'Spiral Costume' from *The Triadic Ballet*, 1926 © Deutsches Tanzarchiv Köln: 191 br

Dmitri Shostakovich, 'Prelude I for piano, opus 34' (extract). Reproduced by permission of Boosey & Hawkes Music Publishers Ltd. © Copyright Boosey & Hawkes Music Publishers Ltd: 23

본문에 소개한 엄선된 건축 작품:

26–7 다른 세계의 가능성
The Arches, Highgate, London. The DHaus Company, 2023: 26 l

The Glasshouse, Woolbeding. Heatherwick Studio, 2022: 26 r

L'Arbre Blanc, Montpellier. Sou Fujimoto, Nicolas Laisné, Manal Rachdi et Dimitri Roussel, 2019: 27 c

Little Island, New York City. Heatherwick Studio, 2021: 27 r

108–9 따분함은 언제 안 따분할까?
House of Wisdom, Sharjah. Foster + Partners, 2020: 108 t

Jatiya Sangsad Bhaban, Dhaka. Louis Khan, 1982: 108 cr

Fyyri Library, Kirkkonummi. JKMM Architects, 2020: 108 b

Len Lye Centre, Govett-Brewster Art Museum, New Plymouth. Patterson Associates, 2015: 109 t

Royal Crescent, Bath. John Wood the Younger, 1774: 109 cl

Protiro Rehabilitation Centre, Caltigirone. NOWA, 2016: 109 cr

Cimitero Monumentale di San Cataldo, Rome. Aldo Rossi and Gianni Braghieri, 1971: 109 b

289 Postmodernism and Brutalism
AT&T Building (550 Madison Avenue), New York. Philip Johnson and John Burgee, 1984: 289 l

Buffalo City Court Building, Buffalo. Pfohl, Roberts and Biggie, 1974: 289 r

352–3 도시, 거리, 문가
Kring GumHo Culture Centre, Seoul. Unsangdong Architects, 2008: 352 t, c, b

Liberty, London. Edwin Thomas and Edwin Stanley Hall, 1924: 353 tl, cl, bl

The Diamond, University of Sheffield. Twelve Architects, 2015: 353 tr, cr, br

388–90 문가 간격을 최우선으로
Bund Finance Center. Shanghai. Designed jointly by Foster + Partners Heatherwick Studio, 2017: 389 t

MaoHaus, Beijing. AntiStatics Architecture, 2017: 390 bl

408–9 적절한 시각적 복잡성
Centre Pompidou, Paris. Renzo Piano, Richard Rogers and Gianfranco Franchini, 1977

다른 출판물에서 발췌한 이미지

Philippe Boudon, *Lived-In Architecture: Le Corbusier's Pessac Revisited*, The MIT Press, Cambridge, 1979. Original edition © 1969 Dunod, Paris: 241

Lewis Nockalls Cottingham, *The Smith and Founder's Director*, 1824: 414 t

John Crunden, *The Joiner and Cabinet Maker's Darling*, 1770: 413 t

Theodor Däubler and Iwan Goll, *Archipenko-Album*, pub. G. Kiepenheuer, 1921: 190 tr

William Halfpenny, *Practical Architecture*, 1724: 413–14 b & c

Batty Langley, *Gothic Architecture Improved by Rules and Proportions*, 1747: 411, 413–4 b & c

Neknisk Ukeblad, 1893: 148

Giorgio Vasari, *Le vite de' piv eccellenti pittori, scvltori, e architettori*, 1568: 168

Vitruvius, *De architectura libri decem*, 1649: 160

Rainer Zerbst, *Gaudi*, Benedikt Taschen Verlag, 1988: 9–11

William H. Whyte, *The Social Life of Small Urban Spaces*, Project for Public Spaces, 1980: 231

Woman's Own, December 1981: 170 a

진심으로 감사드립니다:
Big Sky Studios, Kacper Chmielewski, DawkinsColour, Irem Dökmeci, Mason Francis Wellings-Longmore, Grace Giles, Simon Goodwin, Fred Manson, Stepan Martinowsky, Dirce Medina Patatuchi, Diana Mykhaylychenko, Leah Nichols, Peter Pawsey, Bethany Rolston, Julian Saul, Emric Sawyer, Ray Torbellin, Annie Underwood, Cong Wang, Pablo Zamorano.

Copyeditor: Gemma Wain
Proofreaders: Bethany Holmes and Nancy Marten

인간화

운동에 동참하세요

우리의 도시를 더 즐겁고 인간적인 곳으로

만들고 싶다면 humanise.org에 가입하세요.

이 웹사이트는 다음과 같은 아이디어와 자료로 가득합니다.

- 건축, 신경과학, 사회과학, 심리학을 비롯한 여러 분야에서 따분함에 맞서 싸우는 최근 연구
- 자료 — 추천 읽을거리 및 캠페인 단체 링크
- 수십억 인구의 삶에 조용히 악영향을 주는 이 문제에 우리 모두가 대처할 수 있는 실질적인 방법

인스타그램 **@humaniseorg** 및 기타 SNS 채널을

팔로우하고 우리 주변 건물에 대한 당신의 생각과 격분,

호기심과 감탄을 알려주세요.

의견을 가지세요. 대화를 시작하세요. 더 나은 것을 요구하세요.